해양광학과 해색위성 원격탐사

Ocean Optics and
Ocean Color Remote Sensing

해양광학과
해색위성 원격탐사

초 판 인 쇄 2022년 12월 5일
초 판 발 행 2022년 12월 15일

저   자 안유환, 박영제, 안재현
발 행 인 김웅서
발 행 처 한국해양과학기술원
부산광역시 영도구 해양로 385 (동삼동 1166)

등 록 번 호 393-2005-0102(안산시 9호)
인쇄 및 보급처 도서출판 씨아이알(02-2275-8603)

I S B N **979-89-444-9107-8 (93550)**
정   가 **22,000원**

해양광학과
해색위성
원격탐사

Ocean Optics and
Ocean Color Remote Sensing

안유환 · 박영제 · 안재현 저

KIOST
한국해양과학기술원

머리말
Preface

지구관측 위성원격탐사 활용 분야는 육상, 대기 및 해양 분야로 크게 나눌 수 있다. 일반적인 활용기술은 이차원 영상으로 지역 간 상대적인 차이를 보여주는 것이다. 좀 더 발전된 기술은 얻어진 디지털 값과 환경변수 값과 경험적인 관계를 도출한 알고리즘을 활용하여 위성자료를 분석하는 것이다.

그러나 본 저서의 주제인 해색원격탐사(ocean color remote sensing)는 단순 디지털 값이 아니라 목표물에서 반사되는 빛의 세기(radiance) 값을 요구하고 있다. 이것이 타 분야의 위성원격탐사와 가장 큰 차이점이다. 최근에는 타 분야에서도 디지털 값 대신 광학적 빛의 세기 값을 얻으려는 방향으로 선회하고 있다. 둘째로 해색위성의 관측 타깃은 해수의 표면이 아니라 해수 내부에 존재하는 물질의 농도이다. 다른 해양관측 위성은 해수면의 온도, 파고, 바람의 세기 혹은 오일 유출(oil-spill)과 같은 오염물 등을 관측하는 표면정보 관측기술이다. 육상원격탐사 역시 마찬가지이다. 이에 반하여 해색원격탐사는 물의 내부 정보를 알아내야 하는 보다 어려운 기술을 요구하고 있다.

해양에 들어간 태양빛(광자)은 물속에서 다양한 물질과 만나는 과정에서 대부분 소멸되고 일부만 물 밖으로 나오게 된다. 이들 광자들의 운명은 물속에 들어있는 물질들의 광특성에 따라 크게 달라지는데 이것이 해수색이 다양한 원인이다. 따라서 해수정보를 분석하기 위해서는 해양광학에 대한 지식이 필수사항이다. 본 저서는 총 7개의 장(chapter)으로 나뉘는데, 이 중 5개의 장이 기본광학과 해양광학을 서술하고 있다. 이런 해양 광학적 접근이 없는 해색원격탐사 기술 개발은 낮은 단계의 기술에 머무르게 될 것이다.

그러나 큰 문제가 아직 남아있다. 물속을 벗어난 해수신호는 대기라는 긴 여정을 거쳐서 위성에 도달하게 된다. 위성에 도달하는 광신호는 대기 반사광과 해수신호가 섞인 혼합광이 되어버린다. 대기의 잡 신호(noise)를 제거하지 않고는 원하는 순수 해수신호를 얻을 수 없다. 이것이 제6장에 대기보정이라는 별도의 분야를 넣은 이유이다. 실제 해색위성 자료를 분석하는 전체 계산 소요 시간의 80% 이상을 이 대기보정이라는 단계가 차지하는 것을 보아 그 중요성을 알 수 있다.

마지막 7장에서는 해색원격탐사의 핵심기술인 수중물질 정보를 분석할 수 있는 기술 개발에 관하여 서술한다. 여기서는 해색변화 이론인 전방향 모델(foward model)과 이로부터 역으로 환경정보를 추출하는 역방향모델(inversion model), 즉 물질별 알고리즘에 대하여 간략하게 서술하고 있다. 보다 다양하고 자세하게 언급되어야 할 분야임에도 여러 가지 제약으로 인하여 이 정도로 마무리하게 되어 큰 아쉬움으로 남는다.

2022. 12.
저자 일동

차 례
Contents

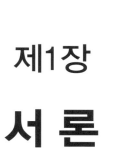

제1장

서 론

01
CHAPTER

서 론

1.1 지구온난화와 위성 원격탐사

최근 산업화로 야기되는 지구온난화와 지구환경 변화는 인류의 미래를 심각하게 위협하고 있다. 지구 곳곳에 폭염과 폭설, 홍수, 가뭄이 빈번하게 발생하고 그 규모는 점차 확대되며 지구의 평균기온은 증가하는 방향으로 나아가고 있다. 극지의 빙하 라인은 점차 북상하며 그 면적이 점차 축소되는 것도 이미 잘 알려져 있다. 일부 과학자는 아직도 이산화탄소에 의한 지구온난화를 인정하지 않으려 하고 있는 것도 사실이다. 그럼에도 불구하고 온난화는 한반도의 생태계 변화만 보아도 기정사실로 수용하지 않을 수 없다. 따라서 이에 대한 과학적인 징후를 찾아내고, 지구환경이 어떻게 변화될 것인지를 예측하며, 좀 더 나아가 미래에 대한 대책을 강구할 수 있는 과학적인 연구가 절실히 필요한 실정이다.

지구온난화의 징후는 육상 생태계 변화에서도 일어나지만 해양에서 찾는 것이 더 신뢰성이 있으며 그 방향성과 크기를 쉽게 찾을 수 있을 것이다. 해양은 지표면의 70%를 차지하며 비열이 큰 물로 채워져 있으므로 지구의 급격한 온도변화를 제어하는 중요한 역할을 하고 있다. 그러나 지구온난화에 대한 해수의 조정 역할은 다른 곳에 있다고 볼 수 있다. 바로 해양이 온난화의 주범인 대기의 이산화탄소를 흡수할 수 있는 능력이 있기 때문이다. 대기중의 이산화탄소 농도는 무한정 높아질 수 없다. 그 이유는 해양에서 일차생산자인 플랑크톤이 성장하면서 광합성 작용에 필요한 이산화탄소를 지속적으로 소모(bio-pumping)하기 때문이다. 결국은 온난화의 징후를 파악하기 위해서는 식물 플랑크톤이 전 지구적으로 얼마나 있으며 그 흡수율이 얼마가 되는지에 대한 연구가 필요하다. 따라서 이러한 전 지구적인 광합성 활동도(activity)를 관측하기 위해서는 해수중의 현존하는 식물 플랑크톤의 양(즉, 광합성 색소량, chlorophyll 농도)에 대한 관측이 절대적이다. 해양의 클로로필(CHL) 농도는 이와 같이 식물 플랑크톤의 생체량(Biomass)과 그 활성도를 나타내는 직접적인 인자라 볼 수 있다. 한편으로 CHL은 해양생태계의 변화나 연안 해양의 수질을 보여주는 간접적인 지표자이기도 하다.

1978년 미국 NASA는 연안 해양에서의 해양수질 감시를 위한 최초의 극궤도 해색위성 CZCS(Coastal Zone Color Scanner)를 개발하였다. 그러나 이 위성은 원래의 목적과는 조금 다르게 연안 감시보다는 전 지구적인 해양의 일차생산량(Biomass)을 밝히는 큰 과학적 업적을 낳게 된다. 이 정보를 바탕으로 기후변화에 대한 해양의 역할뿐만 아니라 더 나아가 우리 지구의 이산화탄소 순환에 대한 연구결과까지 도출하게 된다. 이러한 일련의 예상치 못한 미래 지구환경적인 연구로 CZCS 해색위성은 해양연구는 물론 해양이 얼마나 이산화탄소를 흡수할 수 있을지에 대한 장기 기후변화까지 예측하는 강력한 연구 도구로 등장하게 된다. 그러나 일본이 그 후속으로 OCTS와 GLI 해색위성을 개발하였지만 모두 실패하면서, CZCS 위성이 1986년 임무를 종료한 후 1997년 미국이 다시 SeaWiFS 위성을 발사하기까지 약 10년간의 공백이 생긴다. 이후 우주 선진국에서 서로 앞다투어 해색위성을 개발하게 된다. 미국의 MODIS-aqua, 일본의 ADEOS, 중국의

HY-1, 유럽의 MERIS, 대만의 OCI, 한국의 OSMI 등이 개발된다. 그리고 2010년 한국이 세계 처음으로 정지궤도에서 운용되는 GOCI 해색위성을 개발하기에 이른다.

위성의 강점은 거의 동시에 인간이 접근하기 어려운 곳까지 전 지구적인 자료를 얻을 수 있다는 것이다. 그러나 단점도 있다. 바로 정확성이다. 위성은 상대적인 값의 차이는 잘 보여주나 절댓값으로는 현장관측보다는 오류가 크다. 현장에서 물을 채수하여 분석한다고 하여 오류가 없는 것은 아니다. 채수한 물의 대표성이 큰 문제가 된다. 이와 같이 위성을 사용할 때 가장 큰 핵심은 어떻게 그 오차를 줄일 수 있는가이다. 우주공간 고도 700km(극궤도) 혹은 35,000km(정지궤도)에서 관측하게 되므로 대기 먼지나 에어로졸, 해수면 파도 등에 의한 잡신호도 많이 들어간다. 따라서 순수한 해양신호를 얻기가 쉽지 않다. 그리고 각 파장대별로 얻은 해수 신호를 활용하여 수중의 물질정보를 얻어내는 알고리즘의 개발도 중요하다.

해색위성이 개발된 이후 학문 분야는 두 개의 큰 분야로 나뉜다. 하나는 해색위성 자료를 분석할 수 있는 해양 광학적 기초연구와 알고리즘의 개발, 두 번째는 해색위성 자료를 활용한 해양환경연구이다. 전자는 해색위성의 기술개발을 위한 연구이며, 후자는 이용자 측면에서 활용연구가 된다. 본 책자는 전자의 입장에서, 해수중 여러 가지 물질의 광학적 연구와 알고리즘의 개발에 관한 과학적인 내용을 담고 있다.

물론 위성자료 이용자의 입장에서 위성자료가 어떻게 분석되는가 하는 이론적 문제를 이해한다면 문제 발생 시 보다 능동적으로 대처할 수 있을 것이다. 따라서 본서는 해양원격탐사 이전의 보다 기본적인 광학이론에서 출발하여 해색위성 원격탐사 및 자료처리의 과학적인 이론을 서술하게 될 것이다. 특히 국내 대학에서는 아직 이 분야의 강의나 학과가 개설되지 않고 있어 본서가 해색위성원격탐사를 공부하려는 학생들의 도서로 활용되길 기대한다.

1.2 해색위성원격탐사

해수중 수질환경의 변화는 수색(water color) 변화로 이어지고, 이 수색(분광특성) 변화를 통하여 수중의 물질정보를 분석할 수 있는 기술을 말한다. 많은 해양위성원격 가운데 해색(ocean color) 원격탐사란 가시광 영역의 빛을 사용하는 것을 말한다. 다시 말해 우리 인간의 눈으로 볼 수 있는 광 파장대를 사용한다는 것이다. 일반적으로 400nm에서 750nm를 주 파장대로 사용된다. 최근에는 자외선인 350nm에서 근적외선인 1200nm까지 그 영역을 확대하여 사용하는 쪽으로 변하고 있다. 따라서 해색은 태양광(광자)이 물속에 들어갔다가 일부는 물과 물속 물질들에 의하여 흡광되고 일부는 이 물질들과 반사한 후 다시 나오는 과정에서 원래 입사광의 스펙트럼 특성을 잃어버리고 변질되어 나오는 광을 분석함으로써 물속 정보를 얻을 수 있게 된다. 결국 해색원격탐사 기술은 태양빛을 사용하는 기술이므로 근본적으로는 태양광 스펙트럼, 그리고 환경광학 이론, 더 나아가서는 해수중 물질의 광산란과 흡광 특성을 이해하여야 할 것이다.

1.3 Ocean Color 원격탐사의 필요성

산업혁명 이후 인간은 수억 년간 지하에 매장된 화석연료(석유. 석탄)를 채굴하여 산업 활동에 사용하여 왔다. 이로 인한 대기중의 이산화탄소 농도는 급격히 증가하게 되었고, "온실효과(green house effect)"와 기후변화(climate change)라는 미래의 인류 생존에 새로운 문제로 대두되게 된다. 이에 대한 대처방안은 온실효과의 근본적인 메커니즘의 이해가 필요하다는 것이며, 과학자들은 어떻게 하면 이 기후변화를 극복할 수 있을 것인가? 그리고 이 변화를 지연시킬 수 있는 방법은 없을까를 찾고 있다고 볼 수 있다. 온실효과를 유발하는 제일 큰 물질은 이산화탄소이며, 이 물질이 지구에 들어오는 광에너지와 나가는 에너지의 균형을 깨트리고 있다.

결국 과학자들은 지구상에서 이산화탄소 순환을 이해하여야 하며, '무엇이 이 순환의 동력이며 어디에 얼마나 저장되며 그곳에 얼마동안 머무르는가?'를 연구해야 할 것이다. 이 학문 분야를 지화학(Geo-chemistry)이라고 부르는데, 이 동력의 주 에너지는 당연히 햇빛이며, 이를 순환시키는 중간 매개체는 바다의 식물 플랑크톤 그리고 육상의 식물이라는 것이다. 이 중에서 해양 플랑크톤이 육상 식물보다 양이 더 크기 때문에 해양에서 이들의 생태적 감시는 아주 핵심사항이라 볼 수 있다. 이는 우리가 해양의 미생물 플랑크톤에 대한 시공간적인 양과 분포를 파악하는 것이 필요한 이유이다.

그렇다면, 이 지구적 규모의 해양 일차생산자인 플랑크톤의 감시를 어떻게 할 수 있을까? 유일하게 가능한 기술이 위성을 활용한 해양의 지속적인 관측이라는 것이다. 위성은 인간이 접근할 수 없는 광역의 지구 바다를 지속적으로 모니터링할 수 있다. 이것이 해색위성원격탐사가 필요한 이유이다. 최근에는 해색위성이 연안해양 오염환경을 관측할 수 있게 됨으로써 사회적으로 민감한 적조, 해양수질 오염, 유류사고 등을 감시하고 관리할 수 있는 임무가 지역적인 이슈가 되고 있다. 이러한 국가별 해양감시를 위한 운용목적으로 이 해색위성이 절대적으로 필요하며 각국이 경쟁적으로 개발하고 있는 이유이기도 하다.

제2장

태양 복사와 스펙트럼

02
CHAPTER

태양 복사와 스펙트럼

2.1 태양(Solar) 에너지

해색위성의 기본은 햇빛을 이용하는 것이므로 우리는 여기서 태양에너지 크기와 그 분광특성을 알아보고자 한다.

태양에너지는 핵융합으로 발생하는 광에너지로, 초당 9.2×10^{22}kcal를 우주 공간에 뿌린다. 그중 지구의 표면에 도달하는 에너지는 약 1.95cal/cm^2/min 정도이다. 이것을 우리는 태양상수(solar constant)라 부른다. 이 값은 지표에서의 값이 아니고 대기권 밖에서 받는 에너지이다. 지표에서 광에너지는 이보다는 감소하게 된다. 대기중의 다양한 분진, 공기분자, 에어로졸 등에 의하여 일부 에너지가 산란되거나 흡수되기 때문이다.

지구의 모든 에너지의 기본은 이 태양에너지로부터 나온다고 보아도 된다. 모든 생물이 성장하고 생명을 유지하며, 바람이 불고 바닷물이 따뜻한 것 등은 모두가 태양에너지이다. 물론 예외적인 것도 있다. 지하에서 올라오는 온천수, 지진, 화산의 용암 등은 우리 지구가 만들어질 때 기본적으로 갖게 된 내부의 열에너지이다. 그 외에도 원자력 발전소가 생산하는 에너지도 여기에 포함될 것이다.

우리 지구에서 대기권 밖의 **태양상수** 값을 다양한 단위(unit)로 나타내면 다음과 같다.

$$= 1366.1 \ Wm^{-2} \ [SI \ unit]$$
$$= 0.13661 \ Wcm^{-2}$$
$$= 136.61 \ mWcm^{-2}$$
$$= 1.3661 \cdot 10^6 \ erg \ cm^{-2} sec^{-1}$$
$$= 126.9 \ W \ ft^{-2}$$
$$= 1.959 \ cal \ cm^{-2} min^{-1}$$
$$= 0.0326 \ cal \ cm^{-2} sec^{-1}$$

다른 행성에서 받는 태양에너지의 크기(Wm^{-2})는 다음과 같다.

수성(Mercury) 9116.4
금성(Venus) 2611.0
지구(Earth) 1366.1
화성(Mars) 588.6
목성(Jupiter) 50.5
토성(Saturn) 15.04
천왕성(Uranus) 3.72
해왕성(Neptune) 1.510
명왕성(Pluto) 0.878

실제 태양에너지의 평균 크기는 월별, 계절에 따라 달라지는데 그 이유는 지구와 태양 사이의 거리(평균 1억 5000km)에 따라 변하기 때문이다. 북반구 기준으로 하절기에는 멀어지고 동절기에는 보다 가까워진다. 이 거리 변화 크기는 약 1.7%이고 받아지는 에너지 변화는 거리의 제곱에 반비례하므로 약 ±3.5%(48W/m²) 정도 변동이 생긴다. 이 값을 적용해보면 연중 계절에 따른 태양상수의 변화는 1318~1414W/m²가 되는 셈이다.

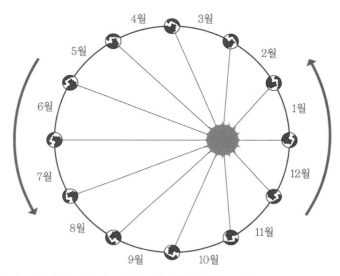

그림 2.1 월별 지구와 태양 사이의 거리를 나타낸 간략한 모식도

태양과 지구 사이의 거리가 가장 가까워지는 궤도점을 근일점(perihelion), 가장 멀어지는 점을 원일점(aphelion)이라 한다.

그 외에도 태양 스스로 방출하는 에너지의 크기가 연도별로 변하는데, 다음 그림은 1976년에서 2006년까지 30년간 태양의 활동에 따른 태양상수의 변동을 나타낸 것이다. 그림에서 거의 10년 주기로 태양활동의 변화가 있음을 볼 수 있다. 이 변화는 최대 1366 ±0.22% 정도로, 그렇게 큰 변동은 아니다.

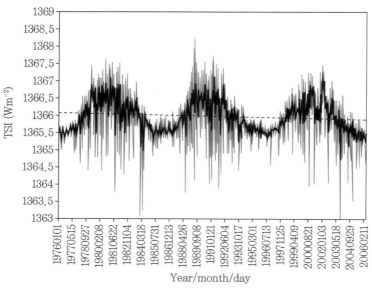

그림 2.2 1976~2006년간 총 방출 태양에너지의 변동.
이 그림에서 중앙값은 1366.1W/m²이다(Shanmugam & Ahn, 2007)

위의 태양상수의 변동은 해색원격탐사 기술 중 무시할 수 없는 크기로 해양의 반사도 계산에 영향을 미치므로 연간 정밀한 변동 모델의 개발이 필요하다.

지구에 들어온 태양에너지의 운명은 어떻게 될까? 우선 다양한 형태의 에너지로 저장될 수 있을 것이다. 태풍, 대기 움직임이나 해류가 갖는 운동에너지, 해수나 공기가 직접 갖는 열에너지, 식물이나 동물의 유기물질, 지하에 저장된 원유나 석탄이 갖는 화학적 에너지가 있을 것이다. 그 외 복사에너지로 다시 우주로 되돌아가는 것도 있을 것이다.

2.2 복사법칙

우리 주변에는 저온에서부터 고온까지 다양한 물체가 존재한다. 액체 산소, 고체 이산화탄소와 같은 극냉 물질이 있는가 하면, 냉장고에 보관된 차가운 물체도 있고, 뜨거운 스토브, 다리미 혹은 백열전구 등이 있다. 우주에는 뜨거운 태양과 같은 항성도 있다.

이와 같이 뜨거운 물체는 스스로 발광하게 되는데, **"모든 물체는, 자신의 온도가 절대온도 0K(-273℃)가 아닌 한, 자신의 온도에 해당하는 고유 복사선을 방사한다"**라는 것을 **복사의 법칙**이라 한다. 복사선은 물체의 온도에 따라 다양한 파장의 빛을 방사하게 되는데, 방사되는 빛의 색으로 역으로 물체의 온도를 추정하기도 한다. 예를 들면 쇳물을 녹이는 용광로나 도자기를 굽는 가마의 내부 온도는 내부 불빛의 색으로 구분하게 된다.

이와 같이 고온의 물체가 방사는 빛은 자신의 고에너지를 온도가 낮은 곳으로 보내는 자연스러운 물리 현상 중의 하나이다. 이런 복사현상 덕분으로 우리는 엄청난 거리에 있는 태양으로부터 지구까지 빛에너지가 전달이 되며 모든 생물이 살아갈 수 있는 에너지를 얻게 되는 것이다.

Q1. 왜 물체의 절대 최저온도는 있는데 최고온도는 한계가 없을까?

2.2.1 방사도와 흑체

물체가 어떠한 온도를 가지더라도 가장 쉽게 에너지를 방사하는 것은 검은색이다. 즉 검은 색깔의 옷이 가장 햇빛을 잘 흡수하면서 또한 잘 방사하기도 한다. 스토브의 표면 색깔을 검게 하는 이유는 바로 열에너지를 외부로 쉽게 방사하도록 하기 위함이다. 따라서 열방사가 최고로 잘 일어나는 물체의 색이 검은색이며, 완벽한 열흡수 및 방사체를 흑체(Black body)라 부른다. 이때 흑체가 갖는 방사도(Emittance) 값은 1이다. 일반적인 물체의 방사도는:

- 주변과 복사 평형을 이룬 상태에서, 물체에 도달하는 모든 에너지를 흡수하며 동시에 모두 방사하게 된다.
- 물체의 표면 온도에만 좌우된다.

대부분 일반 물체의 방사도는 흑체보다 낮으며 다음 식으로 표현된다.

$$\varepsilon = \frac{dE'(\text{물체})}{dE(blackbody)} \leq 1$$

해양원격탐사에서 일반적으로 해수면은 열역학적으로 흑체라고 가정하는 경우가 많다.

Q2. 한 물체의 표면을 열적인 반도체로 만들 수 있을까?

2.2.2 키르히호프(Kirchhoff) 법칙

물체의 광에너지 방사 효율은 물체가 갖는 고유한 색상과 관련이 있다. 물체의 색상은 표면에서 방사되는 빛의 파장을 거르는 필터의 효과를 갖는다고 보면 된다. 카메라 앞에 다양한 색깔의 필터를 부착하여 원하지 않는 빛을 제거하는 것과 비슷하다. 모든 빛을 투과시키는 무색의 필터, 붉은 필터는 붉은색만을 통과시킨다. 어찌되었든 모든 물체의 방사(복사)능력은 그 물체가 갖는 해당 빛의 흡수능력과 같다는 것이다. 다른 의미로 보면 한 물체가 열적 평형을 이루고 있다면, 흡수되는 에너지나 방사되는 에너지의 크기는 같다. 이것을 **키르히호프의 법칙**(Kirchhoff's law)이라 한다.

2.2.3 플랭크(Plank) 복사 이론

이전의 많은 과학자들은 왜 태양빛은 노랗게 빛나며, 어떤 별은 백색, 어떤 별은 청색으로 빛나는가에 의문을 가졌다. 이에 대한 답을 제일 먼저 제시한 사람이 Plank라는 과학자이다. Max Plank(1900)는 키르히호프의 제자로 스승을 이어서 보다 완벽하게 정립된 이론적 바탕을 구축하였다. 유일한 조건은 물체를 흑체로 가정하였으며 (일반적으로 물체는 흑체가 아님) 이론 물리학의 큰 업적으로 남게 된 연구이다. 한 물체의 온도 T에서 단위 표면적에서 복사되는 에너지량의 크기를 나타낸 식으로 다음과 같다.

$$E(\lambda,\ T) = \frac{2hc^2}{\lambda^5}\frac{1}{e^{hc/\lambda KT}-1}$$

$h = 6.625 \times 10^{-27} erg - \sec \text{ (Plank Constant)}$
$K = 1.38\ \times 10^{-16} erg/K \text{ (Boltzman Constant)}$
$C = 3 \times 10^{10} cm/\sec \text{ (Speed of light)}$

상기 식을 파장에 대하여 미분을 해보면

$$dE(\lambda,\ T) = \frac{c_1\ \lambda^{-5}}{e^{c_2/\lambda T}-1}d\lambda$$

만약 파장(λ)을 무한대(∞)로 취하면 아래와 같은 식을 얻는다.

$$dE/d\lambda = c_1/c_2\ \lambda^{-4}\ T$$

(여기서 $c_1 = 2\pi\ Ch$, $c_2 = Ch/k$, $\lambda = C/f$, C: 진공에서 빛의 속도)

이 식의 의미는 온도가 일정한 물체에서 파장에 따른 방사에너지의 크기는 λ^{-4}에 비례하여 급격하게 에너지가 감소한다는 것이다(그림 2.3 참조). 이 결과는 오직 장파

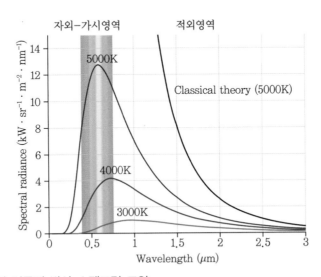

그림 2.3 흑체의 이론적 방사 스펙트럼 모양

장에서만 잘 맞는 Rayleigh-Jean(1900)의 이론과 잘 일치하여 상기 이론의 타당성을 보여준다.

2.2.4 빈(Wien) 복사 이론

Rayleigh-Jean 이론이 장파장에 잘 맞는 이론이라면 Wien(1986)의 이론은 단파장에서 잘 맞는다. Plank의 식에서 $\lambda \rightarrow 0$로 가정하면 $e^{c_2/\lambda T} \gg 1$이므로

$$\frac{dE}{d\lambda} = \frac{c_1 \lambda^{-5}}{e^{c_2/\lambda T}}$$

이 식을 빈(Wien)의 제2법칙이라 한다.

만약 $dE/d\lambda \rightarrow 0$로 가정하면 기울기가 없는 부분이므로 복사 curve의 최대점을 의미하게 된다. 2차 미분($d^2E/d\lambda^2 = 0$)을 수행하면 다음과 같은 λ_{max} 결과를 얻게 된다.

$$\lambda_{max} = \frac{2,898}{T} \text{ (First law of Wien)}$$

Q3. 17℃ 해수가 방사하는 스펙트럼의 Peak 파장은 ?
　　 T = 273 + 17 = 290K
　　 λ_{max} = 2,898 / 290 = 9.8μm

태양의 복사 스펙트럼의 범위는 0.2~4μm이며, 지구는 이 파장대에서 에너지를 받고 3.5~4μm의 장파장대에서 에너지를 우주로 방출하여 에너지 평행을 이루게 된다.

2.2.5 스테판-볼츠만(Stefan-Boltzmann) 복사 이론

단위 면적당 흑체의 방사에너지(E)의 총량 크기는 오직 물체 온도의 4제곱에 비례한다는 이론이다.

$$E = \sigma T^4$$

$$\sigma = 5.67 \times 10^{-8} \, W \cdot m^{-2} \cdot K^{-4}$$

(σ: Stefan-Boltzmann 상수)

Q4. 태양의 평균 표면온도를 6,000K로 가정하고 총 방출 에너지의 크기를 계산하라.
 (단, 태양의 반경 R_s = 7 × 10^5km이다)
 단위 면적당 방출 에너지 크기 E(T);
 E(T) = $5.67 \times 10^{-8} \times (6 \times 10^3)$
   = 7.35×10^7W/m²
 총 태양 방출 에너지는;
   = E(T) × 태양표면적($4\pi \, R_s^2$) = ??

2.3 태양광 스펙트럼과 해색원격탐사

그림 2.4는 실제 태양광 스펙트럼을 대기권 밖(A)과 지상(B)에서 얻어진 모양을 보여주고 있다. 지상 스펙트럼은 대기권 밖에 비하여 많이 함몰된 커브를 보여준다. 그 이유는 대기중의 여러 물질(산소, 오존, 수증기, 이산화탄소 등)이 갖는 고유 흡광특성으로 생긴 것이다. 가장 매끄러운 커브는 5,900K의 물체가 갖는 고유 스펙트럼을 이론적으로 계산하여 얻어진 곡선(C)이다. C와 A가 유사하다는 사실로 태양의 표면온도는 약 6,000K 정도가 될 것이라고 짐작할 수 있다.

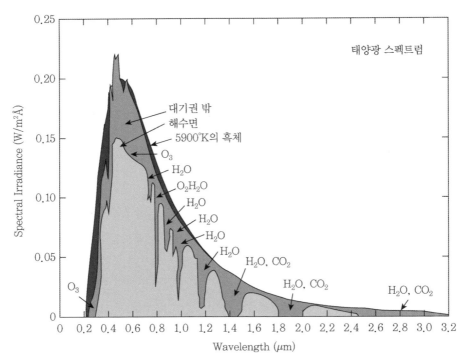

그림 2.4 지표와 대기권 밖에서 얻어진 태양광 스펙트럼의 비교

　다음 그림 2.5는 태양광선을 프리즘으로 통과한 뒤 얻어진 일반적인 태양광 스펙트럼이다. 스펙트럼 중간 중간의 검은색의 선이 보인다. 이것은 태양표면에 존재하는 물질이나 이온상태의 원소들이나 빛이 지구대기를 투과하는 동안 대기성분 가스의 흡광에 의하여 나타나는 결과이다. 이와 같은 검은색의 선을 **흡광스펙트럼**이라 부르며, 발견자의 이름을 따 "**프라운호퍼 선**(Frounhofer lines)"이라 한다.

　대기에서 이들 흡광스펙트럼에 영향을 미치는 주 성분은 N_2, O_2, H_2O 그리고 미량의 희귀가스(CH_4, O_3, CO_2, NXO)들이다. 대부분 이들 가스의 대기중 농도는 일정한 값을 유지한다. 그러나 일부 희귀가스들은 인간의 활동에 따라 점차 증가하는 추세를 보인다.

　－CO_2: 대기중 농도가 가장 빠르게 증가하는 기체로 현재 글로벌(global) 평균 농도는
　　~340ppm을 보이며 온실가스의 주범이 된다. 주 발생원인은 화석연료의 사용과 산

불에 의한 숲의 파괴, 건축용 시멘트의 생산 등으로 볼 수 있다.

- O_3: 저층 대기에는 존재하지 않으며, 고층대기에서 산소분자가 자외선(200~300nm)의 광화학(Photo-chemistry) 자유산소기($\dot{O}$)가 만들어지고, 이것과 산소분자와의 중성물질의 작용으로 만들어진다.

$$O_2 + h\nu(UV) \Rightarrow \dot{O} + \dot{O}(활성화산소)$$
$$O_2 + \dot{O} + M \Rightarrow O_3(오존) + M(중성물질)$$

여기서 중성물질이란? 오존이 만들어지는 중간 자극제 물질로 주로 O_2와 N_2를 말한다. 따라서 오존의 생성은 질소와 산소의 농도에 일부 좌우된다고 볼 수 있다. 일반적인 오존의 분포를 보면 고도에 따라 증가하고, 낮보다는 밤에 농도가 증가하며, 중위도보다는 극지방에서 농도가 높다.

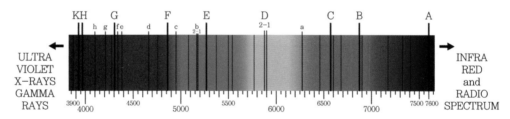

그림 2.5 지상에서 태양광을 프리즘 통과한 후에 나타나는 프라운호퍼 선(검은선)을 보여준다.

해색원격탐사(Ocean color remote sensing)는 해수색의 변화를 탐지/분석하는 것을 기본으로 하고 있다. 따라서 해수에 입사되는 태양광의 세기와 파장 특성을 파악하는 것은 아주 중요하다. 만약 특정 파장대를 선정하여 사용한다면 가급적이면 태양 자신이나 대기의 물질에 의하여 발생하는 흡광파장대를 피하여 사용하여야 할 것이다.

상기 그림을 바탕으로 각 파장대별 물질의 흡광특성을 정리해보면 다음 표 2.1과 같다.

표 2.1 태양광 스펙트럼에 보이는 프라운호퍼 선들의 명칭과 관련 원소들 및 파장대

Designation	Element	Wavelength(nm)	Designation	Element	Wavelength(nm)
y	O_2	898.765	c	Fe	495.761
Z	O_2	822.696	F	$H\beta$	486.134
A	O_2	759.370	d	Fe	466.814
B	O_2	686.719	e	Fe	438.355
C	$H\alpha$	656.281	G'	$H\gamma$	434.047
a	O_2	627.661	G	Fe	430.790
D_1	Na	589.592	G	Ca	430.774
D_2	Na	588.995	h	$H\delta$	410.175
D_3 or d	He	587.5618	H	Ca^+	396.847
e	Hg	546.073	K	Ca^+	393.368
E_2	Fe	527.039	L	Fe	382.044
b_1	Mg	518.362	N	Fe	358.121
b_2	Mg	517.270	P	Ti^+	336.112
b_3	Fe	516.891	T	Fe	302.108
b_4	Mg	516.733	t	Ni	299.444

2.4 알베도(Albedo)

반사도 혹은 반사율이라고 한다. 어원은 라틴어의 "albus(white)" 혹은 "albedo(whiteness)"이다. 그러나 Reflectance가 일반적인 개념의 광학 반사도라면 albedo는 지구과학적이거나 천문학적인 측면에서 보다 거시적인 개념의 반사도이다. 한 행성이 태양빛을 받아서 몇 %를 반사하였는가를 말할 때 사용된다. 그리고 특정 파장보다는 가시광 영역의 전 파장에서의 평균 에너지의 반사율을 의미한다. 일부 광학자들은 아주 작은 입자에 입사하는 단일 광자에 의한 한번만의 광 반사를 "single scattering albedo"라고 표현하기도 하지만 적절하지 않는 표현이라 사료된다(저자의견). 지구과학에서는 대기권을 통과한 태양복사 에너지에 대응하여 부르는 말로, 입사 광에너지(일사)에 대한 반사광의

비율을 알베도 혹은 일사의 반사율, 일사의 반사력이라고 한다. 기상학에서는 지표면과 구름 등에 국한하여 사용하며, 구름에 의한 알베도가 23%, 지표에서 7%, 기타 반사를 포함하여 지구의 알베도는 34%이다. 반사율은 색과 재질에 따라 다르기 때문에, 깨끗한 눈(snow)은 85%, 초지는 25%, 콘크리트는 17~27%, 숲은 5~10%, 어두운 색의 흙은 3%의 반사율을 갖는다.[1] 그러나 이러한 알베도 수치는 지구의 방사에너지 수치에 영향을 미치기 때문에 그 수치를 정확하게 측정하는 것은 태양상수의 변동성에 관계된 연구와 동향에 대단히 중요하다.

2.5 에너지 평형

지구는 에너지적으로 열린(open) 시스템을 갖고 있다. 즉, 들어오는 태양 에너지나 지구를 나가는 에너지가 자유스럽게 출입된다는 의미이다. 다만 들어오는 에너지는 가시광 중심의 파장대를 형성하고, 나가는 에너지는 원 적외선 형태로 떠난다. 동시에 우리 지구는 들어오는 에너지 양과 나가는 양이 서로 균형을 유지함으로써 지구의 평균 기온은 거의 항상 일정한 온도를 유지하게 된다. 그러나 최근에는 지하에 오래전에 저장되었던 화석연료를 태우고, 여기서 발생된 이산화탄소의 농도가 높아짐에 따라 적외선으로 지구 밖으로 방출하는 에너지를 통과하기 어렵게 하고 있다. 우리는 이것을 온실효과라 부른다. 그 외에도 태양에너지와 관계없는 원자력 발전에 의하여 추가로 생산된 열에너지가 있으므로, 실제 우주로 방출되는 에너지는 들어온 태양에너지보다 더 많을 것이다. 이렇게 추가 투입된 에너지 역시 지구의 평균기온의 상승에도 일정부분 기여를 할 것으로 추정된다.

---

[1] 자연지리학사전편찬회 편, 『자연지리학사전』, 한울아카데미, 1997

2.6 열역학 법칙

지구과학에서 가장 주요한 현상은 열역학적인 에너지 정산일 것이다. 이 열정산에 일차적으로 관여하는 것이 바로 광학적 에너지의 입출입이라 볼 수 있다. 여기서는 그러한 관점에서 열역학 법칙을 설명한다.

열역학의 법칙을 논할 때는 항상 대상이 되는 열의 입출입 범위를 어디까지 고려할 것인지 그 열역학 계(system)의 한계를 분명히 해야 한다. 크게는 우주 혹은 지구 전체가 될 수도 있고, 작게는 작은 열기관 혹은 한 생명체가 될 수도 있다.

우리 지구를 하나의 열기관이라 가정하면, 태양에너지는 지구에 공급된 열량(Q)이고, 그 에너지의 일부는 역동적으로 살아있는 지구로 보이게 하는 데 사용된 에너지(바람, 태풍, 구름, 생물, ……)가 있을 것이다. 이 에너지를 한 일(W)이라고 볼 수 있다. 이 경우 공급된 에너지가 모두 일에너지로 전환되지는 않는다. 이 갭(gap) 에너지는 다른 형태의 전환에너지(E)로 된다.

즉, 에너지는 형태가 변할 수 있을 뿐 새로 만들어지거나 없어질 수 없다. 하나의 계 내부에서 에너지 총량은 새로 창조되거나 소멸될 수 없고 단지 한 형태로부터 다른 형태로 변환될 뿐이다. 이를 에너지 보존의 법칙, **열역학 제1법칙**이라고도 한다.

제1법칙: E = Q - W /에너지 보존의 법칙

중력이 작용하는 자연계에서 한 기관이 일을 할 때 공급된 에너지와 한 일(W)을 비교하면 항상 W의 크기가 공급된 에너지(Q)보다 작다. 그 이유는 기계적인 일 기관이 작동될 때는 마찰이라는 피할 수 없는 현상이 반드시 동반되고 이에 따라 마찰열이 발생하기 때문이다. 따라서 열역학 제1법칙에 따라 항상 W < Q라는 관계가 성립된다. 이는 마찰이 없는 초자연계가 아닌 이상 지구라는 자연계에서는 영구기관의 제작이 불가능하다는 의미가 된다.

우주에 존재하는 에너지가 모두 활용 가용한 에너지가 될 수는 없다. 에너지의 활용은 주변과 에너지의 차가 있는 경우에만 활용이 가능하다. 예를 들면 높은 곳의 물체가 갖는 위치 에너지는 지형적으로 낮은 곳이 존재할 때 이용 가능하다. 따라서 에너지의 흐름은 많은 곳에서 적은 곳으로가 아닌, 고온(높은 곳)에서 저온(낮은 곳)으로 일어난다는 것이다. 이때 고온과 저온이 서로 섞이면 사용 가능한 고온에너지는 줄어든다. 이때 **줄어든 가용에너지를 엔트로피**(entropy, S, "무질서도"라고 표현)라 하며, 이 S는 항상 증가하는 방향으로만 진행된다는 것이다. 물론 국소적으로 어떤 시스템에 강제 에너지를 주입하면 그 경우 엔트로피는 역으로 감소하는 방향으로 움직일 수 있다. 예를 들면, 한 생명체의 성장이나 물의 전기분해, 태풍의 생성 등이 바로 엔트로피의 감소라 볼 수 있다. 그러나 전체 우주를 보면 항상 엔트로피는 증가하며, 언젠가는 우주 전체가 가용할 에너지가 전혀 없는 죽은 우주(반짝이는 별이 없음)로 변하게 될 것이다. 이 자연계의 에너지 흐름의 방향을 일컫는 법칙을 **열역학 제2법칙**이라 한다.

제2법칙: 엔트로피(S, 무질서도) 증대의 법칙
에너지 전달의 비가역성
$\Rightarrow \triangle S \geq 0$

인접한 두 개의 계가 존재할 때 하나의 계가 가질 수 있는 가용한 최대 에너지는 다른 계가 절대온도 "0"일 때이다. 즉, 주변 계와 온도차가 클수록 가용에너지는 증가하게 된다. 예를 들어, 해수의 온도차 발전을 한다고 생각해보자. 이 경우 표층수와 저층수 간에 온도차가 클수록 저층수에서 생산할 수 있는 에너지가 증대될 것이다. 또 다른 예를 보면, 수력발전에서 저수지 아래와 저수지와의 낙차가 클수록 발전량은 증대된다.

한 물체의 최저 온도는 절대온도 "0"보다 더 낮을 수 없다. 그러므로 "절대온도 '0'도에서 한 계의 엔트로피는 0이다"라고 할 수 있다. 절대온도 영(zero)도에서의 엔트로피 값은 "0"임을 말한 것을 **열역학 제3법칙**이라 한다.

제3법칙: 절대 0도에서 엔트로피의 법칙
최저값의 엔트로피 = "zero"

　모든 자연계에는 에너지 효율이 존재한다. 다시 말해 한 에너지에서 다른 형태의 에너지로 바뀔 때 100% 효율은 있을 수 없으며, 손실된 에너지(LE)가 존재하며 이 값은 "0" 이 될 수 없다는 것이다. 우리 지구도 마찬가지이다. 만약 우리 지구가 효율 100%인 시스템이라면 더 이상 태양에너지가 들어오지 않아도 에너지는 순환되고 인류는 영원히 살아갈 수 있을 것이다. 이런 영구적인 시스템은 불가능하다는 것은 열역학 제1법칙으로 증명된다고 할 수 있다.

* 관련 물리적 단위

- 힘(Force): N (kg m/sec²) [MLT⁻²]

- Energy(Work): N · m ⟹ Joule(kg m²/sec²) [ML²T⁻²]

- 일률(Power): Joule/sec (= Watt)

　1마력(HP)= 75kg × 1m /sec = 745watt

- Flux: Watt/m²

　⟹ Passive: Irradiance(단위면적당 받은 flux: E)

　　Active: Emitted flux (M or E)

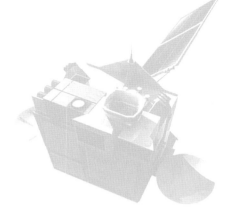

제3장

기본 광학

03
CHAPTER

기본 광학

3.1 광(light)이란?

여기서 취급하는 기본 광학은 해색원격탐사에 관련된 해양광학을 이해하기 위한 기초지식으로 필요한 내용만을 언급할 것이다.

빛은 우주에 존재하는 모든 물체로부터, 절대온도 0K가 아닌 한, 스스로 생성되어 공간으로 방사하게 된다. 이것은 자연의 기본법칙인 에너지 세기가 높은 곳에서 낮은 곳으로 이동한다는 원리이며, 그 에너지 전달의 한 수단이, 전자파라는 형태로 에너지의 이동이 발생하는 것이 빛이다. 빛은 인간의 눈에 보이는 가시광, 보이지 않는 적외선과 자외선이 있다. 빛을 이해하기 위하여 전파(transmission) 이론으로 빛의 성질을 파악하는 것이 중요하다. 빛은 직진, 반사, 굴절 그리고 회절한다. 이러한 성격으로 보면 빛은 파동으로 설명이 된다(맥스웰의 전자파이론, 1873). 동시에 일정 에너지 크기를 갖고 물체의 표면에 충돌하면 복사압(light pressure)을 나타내고 운동량을 갖는 입자의 특성을 갖기도 한다(아인슈타인의 광 양자론, 1921). 따라서 빛은 입자와 파동의 성격을 동시에 갖는 이중성을 인정하고 있다.

빛을 입자로 볼 때 **광자(photon)**라 한다. 광자 하나가 갖는 에너지($E = h\nu$)는 플랑크 상수(h)에 빛의 진동수(ν)를 곱한 값이다. 양자역학 개념에서 보면 에너지는 곧 질량이다. 이 의미는 "광자는 질량이 있다"로 설명이 된다. 그러나 광자는 전하를 갖지 않으며 정지 질량이 "영(zero)"이다. 따라서 정지한 광자는 존재할 수 없고 항상 빛의 속도로 움직이므로 이 경우에 질량을 갖게 된다($m = h\nu/c^2 \simeq 10^{-36}\text{kg}$). 이것을 **관성질량(inertial mass)**이라 부른다.

이와 같은 미시 세계의 물리적 현상은 원자 내부의 **전자(electron)**에게도 나타난다. 즉, 전자는 원자 내부의 분명히 질량을 갖는 입자임에도 이중슬릿 실험에서 서로 간섭현상이 나타나므로 파동의 성격을 갖는다. 전자와 같이 물질이 파동의 성격을 지닌 물질입자의 파동을 물질파(material wave)라고 부른다. 빛의 전파속도는 진공에서 $3 \times 10^8 \text{km/sec}$의 속도로 전파된다. 매질의 밀도가 클수록 빛의 속도는 느려진다.

정지한 광자의 크기는 얼마인가? 질량이 없으니 크기를 논할 수 없다. 그러나 움직이는 광자가 원자의 내부로 들어가면 전자($9.11 \times 10^{-31}\text{kg/e}$)와 충돌하여 광자의 산란이 발생하게 된다. 광자의 관성질량은 전자보다 훨씬 가벼운 입자이다. 빛의 산란을 말할 경우 충돌하는 물질입자의 크기와 빛의 파장을 서로 상대적으로 비교하여 산란이론을 구별하고 있다. 이러한 자세한 이론은 추후 제5장에서 상세하게 기술될 것이다.

3.2 굴절지수(Refractive Index, n)

빛이 한 매질에서 다른 매질로 입사될 때 각 매질에서 빛의 속도 차이로 진행방향이 휘어지는 현상을 말한다. 이때 빛이 굴절되는 정도를 **굴절지수(n)**라고 하며 그 크기는 다음과 같이, 진공에서 광속을 기준으로 한 매질 내부에서 광속을 상대적으로 비교한 것이다. 공기 중의 광속 역시 진공과 거의 유사하며 공기의 굴절률은 1.00029가 된다. 순수한 물의 경우 1.33이 된다. 해수는 염분 농도에 따라 다르나 평균 1.34 정도이다.

$$n = \frac{\text{진공에서의 광속}(C)}{\text{매질 내에서 광속}(v)}$$

만약 매질이 빛을 흡수하는 성질이 있는 경우에 복소굴절지수(Complex index of refraction, m)라는 표현을 사용한다. m은 실수부(n)와 허수부(n')로 나누는데 실수부는 실질 굴절지수를, 허수부는 흡광지수를 표현한다. 흡광지수를 허수와 연결한 이유는 Maxwell 전자파 이론에서 흡광지수(n')가 m에 영향을 미치는데(구체적인 내용은 아래 Ketteler-Helmholtz 이론 참조) 그 성격이 허수(제곱하여 음수가 되는 수)와 같기 때문이다.

$$m(\lambda) = n(\lambda) \pm i\,n'(\lambda) \tag{3.1}$$

n'은 매질의 흡광 정도를 나타내는 광학적 지수로 다음과 같이 정의된다.

$$n' = \frac{a\lambda}{4\pi} \tag{3.2}$$

a는 매질의 흡광계수, λ는 입사광의 파장이다.

3.3 스넬(Snell)의 법칙

네덜란드의 물리학자인 Snell(1615)이 발표한 이론으로 서로 다른 매질 사이에서 일어나는 빛의 굴절에 관한 법칙을 말한다. 매질이 조밀하면(밀도가 클수록) 할수록 빛의 속도가 느려지는데, 이는 스넬의 법칙에 따라 빔의 경로가 구부러지기 때문이다. 관계식은 다음과 같다.

$$\frac{n_t}{n_i} = \frac{\sin\theta_i}{\sin\theta_t}$$

(3.3)

(θ_i: 입사각, θ_r: 반사각, θ_t: 굴절각)

만약 공기에서 물로 입사하는 경우, 공기에 대한 물의 상대 굴절률(n)은 1.33이 된다.

$$n = \frac{n_{water}}{n_{air}} = \frac{\sin\theta_{i(air)}}{\sin\theta_{t(water)}} = 1.33$$

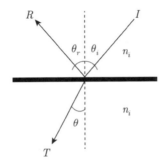

그림 3.1 굴절률이 다른 한 매질(n_i)에서 다른 매질(n_t)로 광이 입사할 경우 입사각(θ_i)에 따른 굴절각(θ_t)의 크기

3.4 케텔러–헬름홀츠(Ketteler–Helmholtz) 이론

매질이 많은 입자로 구성된 경우, 입자 내부에서는 굴절이지만 전체적으로는 결국 광산란(scattering) 효과로 나타나게 된다. 이와 같이 입자에 의한 광의 산란 및 흡광을 연구하는 분야를 입자광학(particle optics)이라 한다. 해수나 자연환경에서의 원격탐사에서 반사도(Reflectance)나 수출광량(water leaving radiance) 광학 이론은 모두 이 굴절현상을 기본으로 하는 입자광학을 기본으로 하고 있다고 볼 수 있다.

K-H 이론은 매질의 흡광지수(n')가 굴절지수(Refractive index, n)에 어떠한 영향을 미치는지를 보여주는 이론이다. 그림 3.2는 K-H 이론에 따른 사례로, 한 매질의 흡광 파장대 λ_0를 중심으로 중앙에 흡광피크가 나타나는 경우 이에 따른 굴절지수가 중심 파장대 좌우에서 ±로 요동치는 현상을 보여준다.

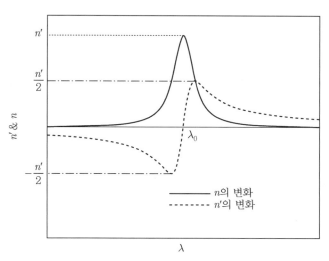

그림 3.2 K-H 이론에 의한 흡광지수 n'(실선)이 파장(λ)에 따라 변할 때 굴절지수(n, 점선)에 미치는 영향을 보여준다(AHN, 1990)

이와 같이 한 매질의 피크(Peak) 흡수 파장대의 광이 입사한 경우 이 파장을 중심으로 좌우 파장대에서 굴절지수가 급격히 변하게 됨에 따라 변칙적인 광산란(분산)이 발생하게 되는 이 현상을 "**비정상적 광분산**"(Anomaly dispersion, Morel & Bricaud, 1986)이라고 부른다.

식물 플랑크톤의 광특성 연구에 의하면 개개 미생물의 파장에 따른 복합 굴절지수는 해양에서 이들 미생물에 그룹에 의한 태양광의 반사(역산란) 스펙트럼에 큰 영향을 미치게 된다. 이것이 해수색 변화에 큰 영향을 미치는 주요변수이다. 따라서 해양 반사도 모델에는 식물 플랑크톤의 광학적 특성이 기본적으로 사용된다. 특히 광합성 색소는 440nm와 680nm를 중심으로 흡광 파장대(band)가 형성되어 있다. 따라서 이들 미생물의 파장에 따른 굴절지수의 값은 흡광bands의 영향으로 평탄하지 못하고 왜곡이 발생하게 된다. 다음 그림은 광학적 실험과 측정으로 얻어진 몇 종의 식물 프랑크톤의 굴절지수(n)의 파장에 따른 값이 일정하지 않음을 보여주고 있다. 특히 440nm와 680nm 근처에서 K-H 이론에 따른 큰 $n(\lambda)$의 변화를 볼 수 있다.

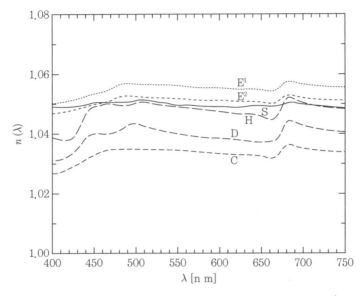

그림 3.3 6종 식물 플랑크톤의 파장에 따른 광 굴절지수(m의 실수부) C, D,...E^{1}은 관측에 사용된 다양한 종을 나타낸다(Ahn, 1990)

3.5 편광(Polarized Light)

빛은 일종의 전자기파(파동)이면서 동시에 광입자(물질)로 설명되는 양면성을 가지고 있다. 따라서 광은 전자기파 이론에 의하여 설명이 가능하다. 맥스웰(Maxwell) 전자기파 이론에 의하면, 변화하는 전기장은 변화하는 자기장을 만들어 내며, 변화하는 자기장은 다시 패러데이(Faraday)의 법칙에 따라 변화하는 전기장을 유도한다. 이때 전기장과 자기장은 파의 진행에 대하여 서로 수직하게 진동하며, 이렇게 주기적으로 세기가 변화하는 전기장과 자기장의 한 쌍이 공간 속으로 전파되는 것을 전자기파라고 한다. 따라서 전기장과 자기장은 분리하여 생각할 수 없다.

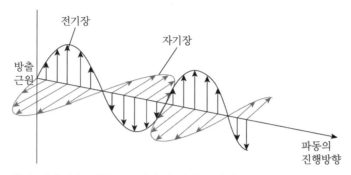

그림 3.4 맥스웰의 전자기파 이론으로 얻어진 전파의 진행과 전기장과 자기장의 상호 관계도

마찬가지로 한 광선(光線)을 생각해보자. 이 광선 역시 전자기파의 하나이므로, 광의 진행방향에 대하여 서로 수직/수평으로 진동하는 2개의 광 성분이 있는데, 어떤 이유로 이 중 어느 한 쪽 성분의 광이 많이 분포된 광선을 편광이라 한다. 일반적으로, 빛이 한 물체 면에 입사하는 경우, 입사면에 대하여 2광 성분의 진동방향이 서로 수직(⊥)한 것과 수평 나란한(∥) 성분으로 구분하여 표시한다. 태양에서 오는 자연광은 수직과 수평 성분의 편광이 다양한 각도로 거의 균질의 광선 다발로 구성되어 있으므로 어느 한 쪽으로 편광되지 않은 빛(unpolarized light)이다.

자연에서 편광이 만들어지는 것은 일반적으로 햇빛이 물체의 표면에서 반사될 때 광진동이 입사 면에 수직방향으로 정렬되면서 발생하는 것으로 알려져 있다. 편광 선글라스는 반사로 편광된 빛을 차단함으로써 반사에 의한 눈부심을 줄이는 역할을 한다. 일반적으로 위성 카메라에 부착된 광학 필터는 편광에 대하여 무감각하도록 설계되어 있다.

3.6 프레넬 반사(Fresnel Reflection)

한 매질에서 굴절률이 다른 매질로 광이 입사하는 경우 일부는 표면에서 반사가 일어나고 일부는 투과하게 된다. 이 표면 반사를 **프레넬 반사**라 부른다. 반사광의 세기는 입사각(θ_i)과 매질의 굴절률의 값에 따라 변하게 된다.

일반적으로 자연광은 광의 입사면에 대하여 나란(∥)하게 진동하는 성분과 수직(⊥)으로 진동하는 편광 성분으로 나눌 수 있다. 그림 3.1에서 입사각이 θ_i, 반사각이 θ_r, 굴절각이 θ_t라고 하면, 그때의 수직/수평 각 성분의 반사(r) & 투과(t) 계수를 표현하면,

$$r_\parallel = \frac{n_t \cos\theta_i - n_i \cos\theta_t}{n_i \cos\theta_t + n_2 \cos\theta_t}$$

$$t_\parallel = \frac{2 n_i \cos\theta_t}{n_i \cos\theta_t + n_t \cos\theta_t} \tag{3.4}$$

$$r_\perp = \frac{n_i \cos\theta_i - n_t \cos\theta_t}{n_i \cos\theta_i + n_t \cos\theta_t}$$

$$t_\perp = \frac{2 n_i \cos\theta_i}{n_i \cos\theta_i + n_t \cos\theta_t} \tag{3.5}$$

여기서 총 반사도(R)와 총 투과도(T)의 관계는;

$$R = 1 - T$$

그리고 $R = |r|^2$

$$T = \left[\frac{n_t \cos\theta_t}{n_i \cos\theta_t} \right] t^2 \tag{3.6}$$

입사각이 수직입사인 경우($\cos 0 = 1$);

$$r_{\parallel} = r_{\perp} = \frac{n_t - n_i}{n_i + n_2} \tag{3.7}$$

$$t_{\parallel} = t_{\perp} = \frac{2 n_i}{n_i + n_t} \tag{3.8}$$

$$R = \left[\frac{(n_t - n_i)}{(n_t + n_i)} \right]^2 \qquad T = \frac{4 n_i^2}{(n_t + n_i)^2} \tag{3.9}$$

로 주어진다.

평균 반사도는 $R = \dfrac{R_{\parallel} + R_{\perp}}{2}$ 가 된다.

Q5. 공기에서 해수로 수직으로 광이 입사할 때 해수면에서 광의 반사율은?
  (단, 해수의 n ≃ 1.34로 가정)
$$R = \left[\frac{1.34 - 1}{1.34 + 1} \right]^2 = 0.021 \ (2.1\%)$$

해색원격탐사에서 이 현상은 아주 민감한 사안이다. 해수에 입사하는 태양광은 태양고도(입사각)에 따라 해수면을 투과하는 광량이 변하게 됨을 의미한다. 특히 고위도 해역에서는 해수의 반사도의 크기가 급격히 감소되어 해색원격탐사 기술을 적용할 수 없는 주요 원인이 된다.

3.7 브류스터각과 임계각(Brewster & Critical Angle)

굴절률이 다른 두 매질 사이에서 광이 입사하는 경우(예: 공기에서 유리로), 이때 입사각의 크기를 0에서 점차 증가시킬 경우 한 특이한 각도에서 $r_{\parallel}$ 성분이 0% 반사(모두 투과)되었다가 다시 반사가 증가하는 현상이 발생한다(그림 3.5 참조). 이 각을 Brewster's angle(θ_B)이라고 부른다. 공기와 유리 사이에서 이 각은 약 56도이다.

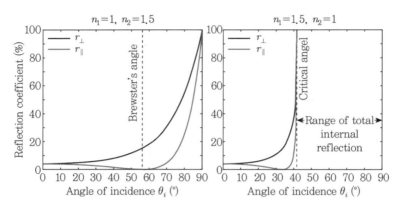

그림 3.5 공기와 유리의 2 매질의 경계면에서 편광 성분에 따른 반사도와 투과도의 크기변화

만약 굴절률이 큰 매질에서 작은 매질로 광이 입사하는 경우에는 먼저 θ_B가 나타난 후 반사계수가 점차 증가하면서 어떤 각 이상이 되면 편광의 어떤 성분도 이 매질을 투과하지 못하고 모두 반사되는 현상이 발생한다. 이때의 각을 임계각(critical angle, θ_c)이라 부른다. 유리 → 공기 사이는 $41°$, 물 → 공기 사이는 $48.2°$, 유리 → 물은 $63.3°$이다. 이때 $\sin \theta_c = \dfrac{n_i}{n_t}$ 혹은 $\theta_c = \sin^{-1} \dfrac{n_i}{n_t}$ 관계가 성립한다.

3.8 비어–람베르트(Beer–Lambert) 법칙

흡광을 하는 임의의 한 매질을 광이 투과할 때 통과하는 광의 세기는 매질의 두께 χ에 따라 지수 함수적으로 감소한다는 법칙을 말한다. 두 과학자 Beer(독일)와 Lambert(프랑스)의 이름을 따서 붙여진 이론이다.

이것을 식으로 표현하면 다음과 같다.

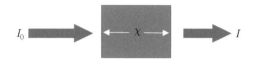

$$I = I_0\, e^{-a\chi} \tag{3.10}$$

여기서, I: 투과한 광의 세기

$\quad\quad I_0$: 초기 입사광의 세기

$\quad\quad a$: 매질의 흡광계수(m^{-1})

$\quad\quad \chi$: 매질의 두께(m)

흡광계수(a)에 관련된 내용을 전개해보면, 위 식에서;

$$I/I_0 = e^{-a\chi} \tag{3.11}$$

$$\log_e (I/I_0) = \log_e \mathrm{T} = -a\chi$$

$$-a = \log_e \mathrm{T}/\chi,\ (a = \log_e (1/\mathrm{T})/\chi)$$

$$a = 2.303\, \mathrm{Log}_{10}(1/\mathrm{T})/\chi$$

위 식에서 $\mathrm{Log}_{10}(1/\mathrm{T})$를 **Optical-Density**(OD)로 정의한다. 그러면 **흡광계수**(a)는;

$$a = 2.303\, \mathrm{OD}/\chi \tag{3.12}$$

로 표현된다. 그리고 OD는 다른 용어로 **흡광밀도**(absorbance)라고 부른다.

일반적으로 흡광계수를 측정할 수 있는 기기에는 분광분석기(spectro-photometer)라고 부르는 기기가 있다. 그러나 직접적으로 흡광계수를 측정하지는 않고 일반적으로 OD값으로 나타낸다. OD는 화학물질인 경우 물질의 농도([C]), 흡광계수(a) 그리고 매질의 두께(χ)에 비례한다.

$$OD \propto [C] . a . \chi \qquad (3.13)$$

3.9 비흡광계수(Specific Absorption Coefficient)

한 매질의 흡광계수(a)는 그 매질 내의 흡광물질의 농도에 비례한다. 그러나 흡광물질마다 흡광 세기 정도가 다를 것이다. 따라서 한 물질의 단위 농도당 흡광의 세기를 비**흡광계수**(a^*)라 부른다. a^*는 다음과 같이 정의된다(Bricaud et al., 1983).

$$a^* = a / [C] \qquad (3.14)$$

만약 부유사인 경우 농도단위를 [g/m³]이고 흡광계수는 [m⁻¹]이므로 a^*의 단위는 [m² g⁻¹]이 된다. 해수중에 존재하는 물질마다 이 비흡광계수의 크기가 다르므로 이에 대한 값의 크기나 스펙트럼 모양의 DB화는 해색원격탐사에 있어서 아주 중요한 자료가 될 것이다. 비흡광계수와 마찬가지 개념으로 비산란계수(Specific scattering coefficient) 혹은 비 역산란계수가 정의할 수 있다.

한 가지 유의할 점은 a^*의 값은 식물 플랑크톤의 종에 따라 다르다. 이론적으로 셀의 크기(d)와 셀 내부 클로로필 농도(c_i)와의 곱에 반비례한다고 알려져 있다(Morel & Bricaud, 1981). 다시 말하면 해수의 Chl농도가 높을수록 a^*의 값은 감소하게 된다. 이것은 "**비선형 생물효과**(non-linear biological effect)"와 연관이 된다(제5장 5.4.4 참조).

3.10 광학적 두께(Optical Thickness, τ)

한 매질에서 광 흡수(absorption)와 산란(scattering)이 동시에 있는 경우의 매질에서 흡광계수를 a, 산란계수를 b라고 하면, 감쇄계수(c)는 a와 b의 합을 의미한다.

$$c = a + b \tag{3.15}$$

광학적 두께(τ)라 함은 한 매질에서 광자들이 투과하는 데 따른 매질의 저항값이라 볼 수 있다. 따라서 $\tau = c \cdot \chi$로 정의된다(단위 없음).

(감쇄계수 c와 path length χ에 비례함)

산란과 흡광이 있는 매질에서 Beer-Lambert 식을 적용하면,

$$I/I_0 = e^{-c\chi} = e^{-\tau}$$

$$\log(T) = -\tau \tag{3.16}$$

$\tau = \log(1/T)$로 주어진다.

Q6. 광 투과도(T)가 0.5인 대기의 광학적 두께 값을 구하라.

3.11 흡광도와 흡광밀도(Absorptance & Absorbance)

한 매질에 입사하는 총 광에너지(E_{TO})는 다음 3가지 요소로 나뉜다. 매질을 투과하는 동안에 발생하는 반사(R)에너지, 그리고 매질 중에서 흡광(A)되는 것 그리고 투과(T)하는 에너지이다.

$$E_{TO} = E_A(\text{흡광 E}) + E_R(\text{반사 E}) + E_T(\text{투과 E}) \tag{3.17}$$

A(흡광도/Absorptance) = E_A/E_{TO}

R(반사도/Reflectance) = E_R/E_{TO}

T(투과도/Transmittance) = E_T/E_{TO}

그리고 이들의 합;

$$A + R + T = 1 \text{ 이 된다.}$$

흡광도는 최댓값이 1을 넘지 못하는 일종의 비 값이며, 투과도가 100%, 10%, 1%, 0.1%면 흡광밀도(OD)는 각 0, 1, 2, 3의 값이 된다.

* Absorbance (흡광밀도) $= \log_{10}(1/T)$

$\Rightarrow \log_{10}(100/T_{\%}) = 2 - \log_{10}(T_{\%})$ (3.18)

3.12 빛의 산란(Light Scattering)

태양광의 산란현상은 환경광학에서 광에너지의 전달과 매질의 광학적 특성을 아주 복잡하게 만드는 주원인이다. 따라서 환경광학 및 원격탐사의 이론적인 접근은 이 광산란의 연구 없이는 거의 불가능하다고 할 수 있다.

빛을 입자라는 성격으로 받아들이면 물질(입자)과 만났을 경우 충돌이라는 물리적 현상이 일어나고, 그 뒤를 이어서 입자와의 완전 탄성충돌(Elastic collision)이면 광자는 방향만 바꾸게 된다. 만약 광자를 흡수하여 버리면 열에너지로 사라진다. 여기서는 탄성 충돌인 경우에 한하여 아주 미시세계의 입장에서 검토해보자. 충돌하는 입자는 아주 작은 분자/원자/전자일 수도 있고 큰 미세입자일 수도 있다. 일반적으로 물질입자의 크기는 입사하는 광의 파장과 비교하여 상대적으로 구분한다. 즉, 입자의 상대적 크기(α)를 다음과 같이 정의한다.

$$\alpha = \frac{2\pi r}{\lambda} \text{ 라고 두고}$$

여기서 λ는 입사광의 파장, r은 입자의 반경을 말한다.

$$\alpha \ll 1 인 경우 \quad \textit{Molecular scattering}$$

$$\alpha \geq 1 인 경우 \quad \textit{Mie scattering}$$

영역이라고 부른다. 대기중에서는 공기분자에 의한 **분자산란**(molecular scattering)과 에어로졸(aerosol) 입자에 의한 **미(Mie) 산란** 영역이 동시에 존재한다. 해수중에서 광산란 현상은 더욱 복잡하다. 물 분자와 광자 간의 **탄성(elastic) 분자산란**과 **비탄성(Inelastic) 분자산란**(Raman 산란 혹은 방사), 그리고 광자가 물 이외의 염분과 산란, 부유입자와 충돌하는 경우의 Mie 산란이 동시에 있다. 그 외에도 해수중 식물 플랑크톤이 갖는 클로로필 색소에 광자가 충돌하여 발생하는 형광(비탄성충돌의 일종)이 존재한다.

그리고 산란광의 세기는 형태에 따라 다음과 같이 그 모양이 다르다. 형광의 경우 모든 방향으로의 산란 세기는 모두 같다.

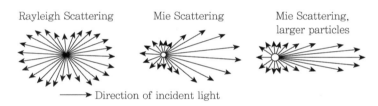

그림 3.6 입자의 크기에 따른 광산란 모양으로 방향별 산란 세기 특성을 보여준다

3.12.1 레일리(Rayleigh) 산란

3.12.1.1 분자(Molecular)산란

일반적인 산란의 기작은 다음 3가지로 구분된다. 1) 광자가 굴절률이 다른 물질로 입사하는 경우 광자의 진로 변경으로 일어나는 현상을 말한다. 2) 그 외에도 회절현상에 의한 산란도 있다. 소리를 예를 들면 담 넘어 보이지 않는 물체의 소리가 들리는 것과 같다. 3) 광입자와 가스 상태의 분자가 서로 충돌하여 광자의 방향이 변경되는 경우로 **분자산란**이라 부른다.

영국 과학자인 레일리 경은 하늘이 푸른 이유를 규명하기 위하여 연구를 시작하였다. 태양에서 방출된 광자가 대기를 통과하다가 공기분자인 산소(O_2), 질소(N_2) 등의 분자들과 충돌한 후 그 방향이 바뀌는 현상을 말한다. 물리적으로 완전 탄성충돌(Elastic collision)로 충돌 전후 에너지나 파장의 변화가 없다. 일반적으로 물질 입자의 크기가 입사광의 파장보다 아주 작은 경우에 **레일리 산란**(Rayleigh scattering)이라 부른다. 물론 입자가 꼭 분자 크기가 아니어도 입사 파장이 상대적으로 아주 길면 역시 레일리 산란이라 할 수 있다. 산란의 세기는 입사파장의 λ^4에 비례한다. 따라서 단파장인 푸른색에서

그림 3.7 (위)고도가 높은 하늘의 순수 공기분자에 의한 Rayleigh 산란과 저고도에서 에어로졸/먼지 등에 의한 Mie 산란 영역을 대조적으로 보여주고 있다.
(아래)대기에서 파장에 따른 분자산란광의 양을 보여준다.

산란이 크게 일어난다. 근본적인 메커니즘은 분자입자에서 표면반사와 분자의 열 진동(10^{12}~10^{14}Hz)으로 발생한다.

특이한 경우로 입자의 크기가 빛의 파장과 아주 유사한 경우에는 **틴들(Tyndall) 산란**이라 한다. 예를 들면 우유나, 비누, 거대분자 상태의 용액 등, 즉 콜로이드(Colloidal) 용액에서의 산란에 해당한다. 이 틴들 산란은 레일리 산란일 수도 있고 Mie 산란 영역일 수도 있다.

해수에서 산란은 순수 물 분자에 의한 분자산란과 물 속 염분 성분에 의한 산란이 복합적으로 일어난다. 따라서 해양에서 해수가 갖는 기본 산란은 일반적으로 레일리 산란이라 볼 수 있다. 보다 자세한 내용은 이후에 다시 언급될 것이다.

3.12.1.2 라만(Raman) 산란

인도의 과학자 Raman(1928)은 광자와 물 분자와의 레일리 산란 외에도 다른 메커니즘이 있음을 알아냈다.

레일리와 라만 산란 모두 같은 분자산란이지만 그 발생 기작은 다르다고 볼 수 있다. 레일리 산란은 입사한 광자가 물질(가스 혹은 액체) 분자에 충돌한 후 에너지의 손실 없이 같은 에너지의 크기로 방향만 전환되는 것이다. 그야말로 순수하게 역학적인 현상이다. 그러나 Raman 산란의 기본 원리는 다음과 같다. 물 분자(H_2O) 내부에는 원자핵이 있고 그 핵 주위로 전자들이 구름처럼 돌고 있다. 이들 전자구름 역시 진동/회전을 하고 있는데 이 전자구름에 광자가 충돌하면 광자들이 전자로부터 에너지를 더 얻거나, 아니면 에너지를 일부 잃고 처음보다 높은 에너지의 광자를 재방출하거나, 아니면 더 낮은 광자로 방출하면서 나오는 2차 광 현상을 말한다. 여기서 원래 광자보다 에너지가 변한다는 의미는 새로운 광으로 색이 바뀐다는 것을 의미한다. 즉 에너지의 전환이 일어난 다음 2차로 새로운 광을 발생한 것이므로 이런 경우를 비탄성 산란(Inelastic scattering)이라 한다. 따라서 라만 산란에 의하여 방출되는 광 파장은 입사광(주로 550nm 이하의 단파장이 여기 에너지로 사용됨)을 중심으로 얻은/잃은 에너지($\triangle E$; 전자들의 에너지 궤도/준위로 결정됨) 만큼의 파장차로 나타나게 된다. 따라서 라만 산란에 의한 광 스펙트럼은 연속적이지 못하고 불연속적인 스펙트럼을 보여준다. 다행히도 라만 산란의 크기는 앞에서 언급한 레일리 산란보다는 아주 약하므로 해양의 광학 모델에는 일반적으로 무시하여도 무방하다. 그리고 라만 산란광의 VSF의 모습은 거의 레일리와 유사하다.

3.12.1.3 형광(Fluorescence)

라만(Raman) 산란과 형광과는 어떤 차이가 있을까? 형광 역시 입사한 광자에 의하여 물질 내부의 전자가 에너지를 얻은 후 여기상태(Exciting state)로 갔다가 다시 기저상태 (Ground state)의 에너지 레벨로 돌아가면서 그 차이의 에너지($E = h \cdot \nu$)만큼 다시 빛을 발생하는 현상이다. 항상 입사광보다 낮은 에너지의 광자를 방출하게 된다. 이와 같이 전자들이 에너지를 흡수하였다가 2차로 다시 광을 발생하는 현상을 형광이라 하며, 이 역시 Raman 산란처럼 비탄성 산란 현상의 일종으로 정의하고 있다. 그러나 라만 산란이 모든 파장대의 입사광에 여기 에너지로 사용될 수 있음에 비하여, 형광은 특이한 여기 (exciting) 파장대가 필요하다. 그리고 입사한 광보다 항상 낮은 에너지의 특정 파장대 광을 내게 된다. 이와 같은 특정 파장에만 작용되는 현상은 원자 내부의 전자들의 에너지 레벨이 불연속적으로 존재하기 때문이다.

해양에서 대표적인 형광현상으로는, 식물 플랑크톤이 갖고 있는 광합성 색소인 클로로필(Chl-a)은 440nm에서 에너지를 흡수하였다가 685nm 근처에서 적색의 형광을 발생하게 된다. 이러한 형광 작용도 비탄성 산란의 하나로 부르고 있다. 우리는 위성에서 식물 플랑크톤에서 방사되는 형광의 세기를 측정하면 해수 내부의 클로로필의 농도를 추정할 수 있을 것이다.

* 형광의 소멸 효과(Fluorescence quenching effect)
모든 형광물질은 다양한 형광효율을 갖는다. 형광효율이 낮은 것은 다음 2가지로 구분해볼 수 있다. 즉 형광 발생 전에 매질 중 일부 물질이 여기(exciting) 에너지를 흡수하거나, 형광발생 후 또 다른 물질에 의하여 형광의 흡광이 발생하여 약해지게 된다. 이 현상을 형광의 **형광 소멸효과(Quenching effect)**라고 부른다(O'Reilly & James, 1975). 대표적인 여기 에너지 전달 방해(Quenching) 물질은 산소분자, 요드 및 염소이온(Cl⁻) 등이 들어있는 물질이다. 해양의 식물 광합성 색소인 클로로필은 자신이 형광(682~685nm) 물질이면서 동시에 후자에 속하는 형광소멸 물질이다. 해수에는 NaCl이 용해되어 있고 동시에 클로로필 자신에 의한 680nm 흡광 밴드로 인하여 이중으로 quenching 효과가 존재한다고 볼 수 있다. 적조가 심하게 발생한 해역에서 이 효과로 형광 피크 파장은 685nm 이후 장파장으로 이동시키는 주요 원인 메커니즘이기도 하다.

3.12.1.4 인광(Luminescence)

형광과 같은 원리에 의하여 빛을 발생하나 여기(exciting) 광에너지를 제거하여도 계속 2차 형광이 발생하는 것을 말한다. 적게는 mm 초에서 많게는 하루 정도 계속된다. 그 이유는 전자의 에너지 천이가 있는 경우 그 레벨이 여러 단계로 나누어져 서서히 떨어지기 때문이다. 주로 천연의 광물에서 인광이 발생하게 된다.

3.12.2 Mie(미세입자 및 에어로졸에 의한) 산란

이 경우 입자의 (상대적)크기(α)가 1과 유사거나 큰 경우에 해당되며, 산란 메커니즘은 광자가 입자 내부로 통과하면서 굴절(Refraction) 현상으로 인한 산란이 된다. 연구자의 이름을 따 "**Mie 산란**"(1908)이라 부른다. 또한 산란광 세기는 입자 내부에서의 흡광지수가 영향을 미치게 된다. 따라서 산란광의 세기나 방향은 입자의 크기 및 복합굴절지수(m)에 따라 결정이 된다. 해수나 대기에서의 광산란 현상은 (기본 산란인 분자산란을 제외하고) 해양에서는 주로 미생물 및 미네랄 입자이며, 대기에서는 분진 및 에어로졸 입자이므로 Mie 산란 이론으로 모든 것이 설명이 가능하다. Mie 산란에 대한 자세한 이론은 추후 제5장(5.4.1)에서 다시 언급될 것이다.

그림 3.8 창으로 들어온 햇빛에 의하여 미세먼지가 Mie 산란으로 빛나고 있다. 주로 전방 산란이 강하므로 앞에서는 산란광이 강하게 보이나 후방에서 보면 거의 보이지 않는 특징이 있다

제4장

해수의 광특성

04

해수의 광특성
(Bulk Optical Properties of Ocean Waters)

4.1 서론

광학은 일반 물리학의 한 분야로 초기에는 직진, 반사, 굴절 등 기하광학 위주로 연구되어오다가 간섭이나 회절, 전파(轉派) 등의 파동광학으로, 이어서 양자광학까지 근대 물리학의 중심적인 역할로 발전하여 왔다. 따라서 상당히 어려운 분야로 인식되어 왔다. 그럼에도 불구하고 기본 광학이론은 19세기 이전에 대부분 연구가 종료되었다고 볼 수 있다.

최근에는 컴퓨터의 발달로 고전광학 이론들도 다시 컴퓨터의 도움으로 재 규명되기도 하며, 한때의 부흥기도 있었으나 다양한 다른 분야의 학문 속에 밀리며 퇴색한 학문으로 인식되었다. 그러나 1983년 CZCS[2]라는 최초의 가시광 영역을 배경으로 한 해색

(Ocean color) 원격탐사가 각광을 받기 시작하면서 환경광학(Environmental optics) 응용분야에서 새로운 전성기를 맞게 된다.

환경광학에서 수색의 변화는 물 환경의 변화라는 주요한 정보를 제공하며, 광학적으로는 수중 미생물에 의한 스펙트럼의 변화이므로 특히 생물-광학(Bio-optics)이라는 독특한 학문 영역이 만들어지게 된다. 크게는 해양광학(ocean optics) 범주의 영역이라 볼 수 있다. 따라서 초기에는 생태학자들이 광학을 또는 광학자들이 생물생태 영역을 서로 교차하면서 연구를 하였다.

이와 같이 해색의 변화로 해양환경을 감시하겠다는 위성의 개발로 해양생태 연구는 글로벌 연구로 급진전하게 되고, 다른 한편으로는 해양광학이라는 분야로 각광을 받게 되었으며, 특히 해수의 물리적 광특성을 변하게 하는 주 인자가 미생물 입자(biological particles)라는 사실이 주목 받으면서 세부적으로는 입자광학(particle optics)이라는 새로운 분야가 창출되기도 하였다.

해수환경의 원격탐사(Remote sensing) 기법은 대부분 수색 변화(Ocean color change)를 기본으로 한 기술이다. 수색 변화의 근본은 수중 물질의 흡광과 산란으로부터 기인한다. 수중에서 어떤 물질이 수색에 영향을 미치는지는 추후 다시 언급될 것이다. 수색 변화의 대표적인 사례가 적조(Redtide)의 발생이며 연안에서 탁한 부유물에 의한 변화이다. 해수의 기본 색은 청색(blue)이다. 물 분자에 의한 산란으로 보이는 색이다. 하늘이 푸른 이유와 비슷하다. 이런 분자산란(molecular scattering)에 의한 해색은 연안에서 보기 어렵다. 연안의 많이 있는 플랑크톤을 비롯한 수많은 미생물이나 무기 부유입자(suspended mineral particles)에 의하여 수색이 변한다. 원 해양(open sea)으로 나가면 진정 바다의 원색을 볼 수 있을 것이다. 짙은 청바지와 같은 색이다. 사람의 눈으로 관측하였을 때 이런 수색의 변화를 일으키는 물질들에 의하여 해수의 광특성이 변하게 되는데

---

2 NASA에서 개발된 최초의 해색위성으로 미국의 연안해양의 오염을 감시하기 위해 개발된 위성 탑재체이다. CZCS(Coastal Zone Color Scanner)는 글로벌 지구환경감시에 더 큰 효과가 있어 후속위성이 계속 개발된다.

본 장에서는 이러한 환경광학의 기본적인 연구에 대하여 알아보겠다.

해수의 광학적인 특성은 해수 자신과 수중에 포함된 입자성 물질에 의하여 좌우된다. 따라서 해양 광특성은 해수 이외의 입자광학이 중요한 연구대상이다. 이 종류별 입자들의 고유 광특성(IOP; Inherent Optical Properties)과 외형적 광특성(AOP; Apparent Optical Properties)에 관하여 집중적으로 알아보고, 측정방법, 성분별 광특성 기본이론에 대하여 알아볼 것이다.

이 모든 지식은 해색원격탐사의 기본 지식으로 연구자의 요구 정도에 따라 그 깊이가 다르겠지만 이 장에서는 초보적인 수준에서 검토할 것이다.

4.2 해양광학 기본개념

해양광학은 실험실 광학이 아닌 해양이란 환경에서 발생하는 광학 이론이다. 이 해양환경 광학 이론은 광의 소스가 태양의 직사광과 대기의 산란광이 해양으로 입사되어 발생하는 현상이므로 그 기재가 대단히 복잡하다. 그리고 해수 내부에는 다양한 무기 및 미생물 입자에 의하여 산란 및 흡광현상이 발생된다. 따라서 해양원격탐사의 이론적 연구는 이러한 환경광학의 기초 지식 없이는 접근하기 어려운 분야이다. 따라서 해수의 광학적 현상을 이해하기 위해서 먼저 광에 대한 다양한 개념의 이해가 필요하다.

4.2.1 복사광 세기(Radiant Intensity, I)

태양에서 방사되는 광에너지의 세기는 태양에서 멀어질수록 작아질 것이다(거리의 제곱에 반비례). 그러나 태양의 방사 에너지의 세기를 관측지점이나 거리에 관계없이 태양만의 고유한 값으로 정의하기 위해서는 단위 입체각(ω)당 방사 에너지(Φ)로 정의하면 항상 같은 값이 된다. 이것을 태양광의 세기라고 말할 수 있을 것이다. 전자를

Radiant flux density(M 혹은 E)라 하고, 후자를 복사광의 고유세기 Radiant intensity(RI, I)라 정의한다.

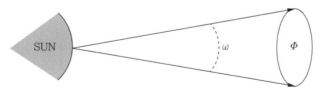

그림 4.1 (태양)복사광 세기 개념($I = \Phi/\omega$)

이때 복사광 세기는 다음의 개념으로 접근할 수 있다. 하나는 광원이 무한히 작은 점 광원인 경우이고 다른 하나는 광원이 무한히 큰 경우이다. 어쨌든 단위 입체각(cone angle, ω) 내를 투과하거나 들어오는 광의 세기를 의미한다. 당연히 입체각이 커질수록 그 크기가 달라지므로, 복사광 세기는 단위 입체각(ω)당 광에너지(Φ)의 크기라 정의할 수 있다. 좀 더 쉽게 설명하면 단위면적(S)당 수광 에너지의 크기(Radiant flux, Φ)를 단위 입체각당 수광 에너지 크기로 바꾼 개념이라 볼 수 있다.

$$I(\theta) = \frac{d\Phi}{d\omega} \tag{4.1}$$

따라서 단위는[W/sr]로 정의된다. 미분형으로 표시하는 이유는 미세한 입체각($d\omega$)에 따라 $d\Phi$의 값이 변할 수 있음을 의미하며, 그런 경우 $I(\theta)$를 ω로 총 적분을 하면 총 Φ가 됨을 의미한다. 위 식을 다시 미분하면;

$$dI(\theta) = d^2(\Phi)/d\omega \tag{4.2}$$

4.2.2 복사휘도(Radiance, L)

광에너지 밀도(Density)나 세기(Intensity)는 개념이 비슷하다. Density는 수광 면적(S) 기준이고, 세기는 방사 입체각(ω) 기준이다. 그러나 진정한 광에너지 세기는 이 두

항목 모두를 포함하였을 때 바람직할 것이다. 그래서 Radiance(L)는 단위면적당 그리고 단위 입체각당 광에너지로 정의하였다. 단위는 W/m²/sr로 주어진다. 이용자 분야에 따라 Radiance만을 진정 광에너지 세기로 인정하는 학자도 있다.

$$L(\theta, \rho) = \frac{d\Phi}{dS\, d\omega} = \frac{I(\theta)}{dS} \tag{4.3}$$

해수의 한 표면(target)에서 방출되는 Radiance(L)를 측정하기 위해서는, 센서의 겨누는 방향(zenith angle θ, azimuth angle ρ)에 따라 민감하게 달라진다. 그리고 센서가 관측면을 바라보는 **순간 시야각**(IFOV; Instantaneous Field Of View) 크기도 중요하다. 일반적으로 휴대용 분광기(예: ASD사)에서는 광센서의 끝에 IFOV를 조정할 수 있는 광 어댑터를 부착하는데, 1°, 5°, 20°로 선택할 수 있도록 하고 있다. 그러나 IFOV의 값이 증가하면 안정된 값을 얻을 수 있으나 엄격한 의미에서 정밀한 한 포인터의 광휘도(L)라 볼 수 없을 것이다. 그러나 해양위성 원격탐사에서는 1 픽셀(pixel)의 크기가 최소 수백 m 이상이라는 점을 고려할 때 좁은 포인터에서 얻는 신호가 오히려 위성관측 자료와 현장관측 자료의 일치점(matching point) 값을 얻기가 어려울 수 있다. 따라서 IFOV가 큰 것으로 측정하는 것이 보다 유리할 수 있다. 그러나 해수 표면의 관측면적이 넓으면 파도에 의하여 발

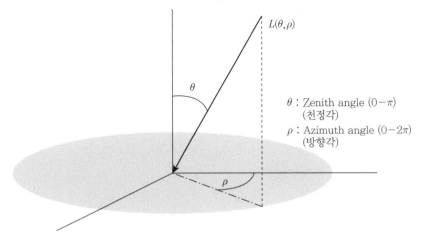

그림 4.2 한 평면 한 점에 입사하는 광에너지(radiance) 좌표기준

생하는 흰색의 거품신호(white-cap)나 부유물에 의한 잡 신호가 들어갈 수 있음을 고려해야 할 것이다. 그 외에도 관측면의 크기는 IFOV와 관측자와 해수면과의 거리에도 관련이 있으므로 IFOV는 해수면의 상태에 따라 적절하게 조정되어야 한다.

4.2.3 분산광에 의한 에너지의 세기(Irradiance, E)

E(Irradiance)는 복사조도 혹은 방사조도라고 하며, 분산(diffusion) 광이 있는 환경에서 모든 방향에서 한 단위 면적에 들어오는 광에너지의 총합을 말한다(그림 4.3). 따라서 그 정의 식은 다음과 같이 주어진다.

$$E = \frac{d\Phi}{dS} = \frac{I\,d\omega}{dS} \tag{4.4}$$

E 양변을 미분하면;

$$dE = \frac{dI.\,d\omega}{dS} = L(\theta,\rho)\,d\omega\cos\theta \tag{4.5}$$

식 (4.3)에서 만약 한 특정 방향의 L을 고려하여 그 수광면의 기울어진 각도가 직각이지 못하면 $(\theta \neq 0)$

$$L = \frac{dI}{dS.\cos\theta} \tag{4.6}$$

식 (4.5)에서 dE의 양변을 다시 적분하면;

$$E = \int_{\omega=0}^{4\pi} L(\theta,\rho)\cos\theta\,d\omega \tag{4.7}$$

$d\omega = 2\pi\sin\theta\,d\theta$ 이므로(식 4.36을 참조)

$$E^o = 2\pi \int_{\theta=0}^{2\pi} L(\theta, \rho) \cos\theta \sin\theta \, d\theta \qquad (4.8)$$

위 식 (4.8)의 복사조도(irradiance)는 실제 공간에 한 센서가 있는 경우 모든 방향으로 들어오는 **전(全)방향 총복사조도/스칼라 조도(Scalar irradiance, E^o)**라고 부른다. 그리고 E^o를 상하로 나누어 위쪽에서 내려오는 부분을 하향총복사조도(Down-welling scalar irradiance, $E_d^{\ o}$), 아래에서 올라오는 부분을 상향총복사조도(Up-welling scalar irradiance, $E_u^{\ o}$)라고 부른다. 개념은 그림 4.3과 같다.

$$E^o = E_d^{\ o} + E_u^{\ o} \qquad (4.9)$$

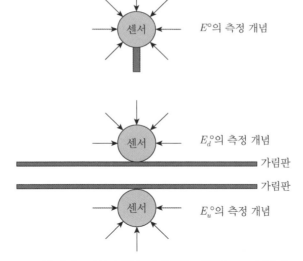

그림 4.3 E^o, $E_d^{\ o}$, $E_u^{\ o}$ 센서의 모양(아래쪽 가림판은 이론적으로 무한대 크기가 되어야 함)

E^o 센서의 모양은 모든 방향으로 오는 광에너지를 입사각의 크기에 관계없이 100% 그대로 받아야 하므로 구형(sphere)이 되어야 한다. 이러한 센서를 "**Scalar Irradiance Collector**(SIC)"라고 한다. 일반적으로 해수에서 가용 광합성 광에너지(PAR, Photosynthetic Available Radiance)를 측정하는 경위의 센서 모양은 SIC(백열전구 모양) 형태의 센서를

사용한다.

$E°$(Scalar irradiance)은 공간에서 총 광에너지의 측정 개념과 크기를 잘 설명하고 있으나 실제 해양광학에서는 PAR 측정 외는 크게 사용되지 않고 있다. 광센서의 모양을 평평한 판형으로 하면 오르지 수평선 위쪽에서 내려오는 성분만 받게 된다. 이 경우를 단순히 **하향복사조도**(Down-welling irradiance, E_d)라고 하고 이것을 아래쪽으로 향하게 하면 **상향복사조도**(Up-welling irradiance, E_u)라고 부른다(아래 그림 4.4 참조).

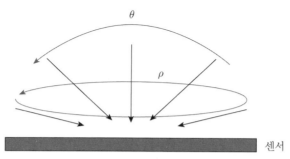

그림 4.4 E_d(Downwelling Irradiance)의 개념과 센서 모양

식 (4.8)과 유사하게 E_d 식은 다음과 같이 주어진다.

$$E_d = \int_{\theta=0}^{\pi} \int_{\rho=0}^{2\pi} L(\theta, \rho) \cos\theta \sin\theta \, d\theta \, d\rho \tag{4.10}$$

(θ: zenith angle, ρ: azimuth angle)

만약 L 성분이 방향각 ρ에 대하여 균질(homeogenous)하다면 다음과 같이 표현될 것이다.

$$E_d = 2\pi \int_{\theta=0}^{\pi} L(\theta) \cos\theta \sin\theta \, d\theta \tag{4.11}$$

실제 하늘에서 내려오는 L의 광 분포는 모든 각(θ, ρ)에 대하여 다르다고 보아야 할 것이다.

유사하게 E_u의 식은 다음과 같이 주어진다.

$$E_u = 2\pi \int_{\theta=\pi}^{2\pi} L(\theta)\cos\theta\,\sin\theta\,d\theta \qquad (4.12)$$

단위는 분광조도인 경우 W/m²/nm로 주어진다

일반적으로 조도(irradiance)계 센서의 모양은 구형이 광 에너지를 받기에 효율적이지만 평평하게 제작한다. 그러나 평평한 센서는 모든 방향으로 균질의 광 휘도(L) 빔이 조사될 때 광의 입사각(θ)에 따라 신호의 크기가 $\cos\theta$의 크기로 측정되게 된다. 이와 같은 평판 모양의 센서(cosine response sensor)를 **코사인콜렉터**(Cosine Collector)라고 부른다. 즉, 수직에서 $60°$ 기울여 광을 비추면 바로 위 정면에서보다 약 1/2($\cos60°$=0.5) 정도 작은 값을 보여준다. 경우에 따라서는 센서의 수광효율을 높이기 위하여 돔형의 분산체(diffuser)를 부착하기도 한다.

4.2.4 램버시안 반사체(Lambertian Reflector)

물체의 표면에 광이 도달하면 표면상태에 따라 광이 반사하는 양상은 다양하게 나타난다. 거울 같은 정반사일 수도 있고, 모래와 같은 난 반사일 수도 있다. 한 반사체 평면을 생각해보자. 이 면의 일정(단위) 면적에서 반사되는 광의 세기(I)를 반사각의 크기(θ)에 따라 측정하였을 때 그 세기가 $I(\theta) = I(0)\cos\theta$의 크기로 변하는 반사체를 코사인 반사체(cosine reflector) 혹은 **램버시안 반사체**(Lambertian reflector)라고 부른다(그림 4.5 참조).

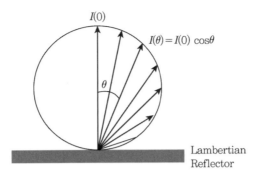

그림 4.5 Lambertian 반사체 개념도

　이런 반사체는 관측자가 그 면을 관측하면 관측하는 각도에 관계없이 동일한 휘도값 (L)를 얻게 됨을 이해해야 한다. 다시 말하여 모든 방향에서 같은 반사광세기를 주므로 지향성이 없는 **완전 반사체**(Perfectly diffusing reflector)라고 부른다. 그러나 여기서 잘 못 이해될 소지가 있는 부분이 있다. 만약 이 반사체가 아주 넓다고 가정하고 한 지점을 향하여 Radiance(L)를 측정한다면 측정각의 방향에 관계없이 $L(\theta, \rho) = c^{te}$(일정)하다 는 사실을 알아야 한다. 그 이유는 일정 입체각(IFOV)에서 θ의 각이 커질수록 관측되는 면적이 $1/\cos\theta$의 크기로 증가되기 때문이다. 이러한 이유로 Lambertian reflector는 완벽 한 반사체로 정의된다. 즉, 어떠한 방향으로 관측하여도 그 밝기가 항상 같은 반사(방사) 체를 의미한다. 자연 환경에서는 일반적으로 구름이나, 사막, 해수를 램버시안 반사체 로 인정하고 있다.

　유사한 개념으로 한 불투명체에 빛이 투과한 후 통과한 빛의 분포가 $\cos\theta$의 크기로 분산된다면 이 광 완전 분산체를 역시 **Lambertian diffuser**라고 부른다.

　해양에서 물 위로 방사하는 해수신호를 Lambertian 반사체로 가정하자. 그러면 물 밖 센서에서 측정되는 광휘도(L) 값은, $L_u(\theta) = c^{te}$가 되고, upwelling irradiance는 다음 과 같이 표현될 것이다.

$$E_u = 2\pi . L_u \int_0^\pi \cos\theta \, \sin\theta \, d\theta$$

$$= 2\pi . L_u \int_0^\pi \frac{\sin 2\theta \, d\theta}{2}$$

$$\boxed{\begin{array}{l} E_u = \pi . L_u \\ \text{(Lambertian 반사체의 경우)} \end{array}}$$

(4.13)

상기 식은 해수면이 Lambertian 반사체라는 가정에서 흔히 활용되는 식이므로 기억해 두면 유익할 것이다.

4.3 해수의 고유 광특성(IOP)

4.3.1 고유 광특성 인자

IOP(Inherent Optical Properties)란? 수중으로 입사한 광에너지를 광자 수준에서 보면, 수중의 물 자신과 물 이외에 다른 물질(입자 혹은 용해상태물질)과 만나면서 2가지의 현상으로 나타난다. 그중 광자가 다른 물질과 충돌 후 에너지를 완전히 잃어버리는 것을 흡광(absorption)이며, 충돌 후 광자가 다른 방향으로 다시 방향을 전환하면서 흩어지는 현상을 산란(scattering)이라 한다. 산란은 완전 탄성충돌로 고려하므로 에너지의 손실은 없다. 혹은 흡광이나 산란 어느 것도 일어나지 않을 수 있다(단순 투과).

IOP[3]라 함은 상기 광자들이 물이라는 매질에서 다른 물질과 함께 일어날 수 있는 총 흡광과 산란의 크기를 나타낸 인자로, 주어진 해수의 고유 특성으로 외부의 광학적 상황(optical field)에 관계없이 자신만이 갖는 고유 광학적 특성값을 의미한다. 주로 해수를

---

3 IOP 측정은 "평행광선(Beam light)"을 사용해야 하므로 이로 얻어지는 IOP 항목은 모두 "beam"이라는 말을 붙이는 것이 옳으나 편의상 beam을 생략한 용어를 사용한다.

채수하여 실험실에서 분석하여 얻어지는 값이다. 물론 현장 해수에서도 직접 측정도 하나 실험실보다는 정밀도는 떨어진다. IOP에 해당하는 변수로는 흡광계수(absorption coefficient), 산란계수(scattering coefficient), 감쇄계수(attenuation coefficient) 그리고 역산란계수(backscattering coefficient)가 있다.

- Absorption coefficient(a)
- Scattering coefficient(b)
- Attenuation coefficient(c)
- Backscattering coefficient(b_b)
- Volume scattering function($\beta(\theta)$)

이들 인자의 공통적인 특징은 현장관측이 상당히 어렵다는 것이다. 현장관측용 기기가 있으나 오차를 어느 정도 인정하지 않을 수 없다. IOP의 가장 기본 특성은 여러 성분이 섞여 있는 경우 세부 성분끼리 분리와 가감(addition and subtraction)이 가능하다는 것이다.

예를 들어 한 해수의 총 흡광계수가 a_t 인 경우, 해수 성분별 흡광계수로 표시 가능하다는 것이다.

$$a_t = a_{water} + a_{bio-particle} + a_{mineral\,particles} + a_{cdom} \qquad (4.14)$$

그리고 한 물질의 흡광계수(a)와 산란계수(b)의 합을 감쇄계수(c)라 한다.
저자에 따라서는 "**소산계수**"라고도 부른다.

$$c = a + b \qquad (4.15)$$

산란광은 산란되는 방향에 따라 전방(0~90°)과 후방(90~180°) 성분으로 나누어 **전방산란**(b_f; Forward scattering)과 **후방산란**(b_b; Back-scattering)으로 나눈다.

$$b = b_b + b_f \tag{4.16}$$

4.3.2 비고유 광특성(SIOP)

해수의 성분별 물질의 IOP 크기를 논할 때 이들 물질들의 농도를 고려하여 단위 농도당 IOP 크기를 의미한다. 간단히 "비(Specific)흡광계수(a^*)" 혹은 "비산란계수(b^*)"라는 용어를 사용한다. 어떤 한 물질(i)의 a^*은 다음과 같이 정의된다.

$$a^* = \frac{a}{<i>}[m^2 g^{-1}] \tag{4.17}$$

$\langle i \rangle$는 물질 i의 농도($g\,m^3$)를 의미한다. 일반적으로 클로로필 입자나 부유물질이 있는 경우에 적용되는 값이다. 식물 플랑크톤(ph)에 의한 비흡광계수는 a_{ph}^*로, 부유입자(SS)에 의한 비역산란계수는 b_{bbss}^*로 표기한다.

4.3.3 광 효율인자(Q-factor)

현장(해양 혹은 대기)에서의 광학을 이해하기 위해서는 몇 가지의 광학적 상식이 필요하다. 여기서 해양광학을 시작하기 전에 초보적인 광학의 개념과 정의에 대하여 설명할 것이다.

해양이나 대기에는 다같이 미세입자와 분자상태의 물질을 함유하고 있다. 공기 중에는 에어로졸(aerosol)이, 해수에는 미생물입자와 하이드로졸(hydrosol)이 존재한다. 해수라는 매질 속으로 입사된 광자는 생각해보자. 이들의 광에 대한 반응은 그들의 모양, 크기 그리고 광학적 특성에 좌우될 것이다. 여기서 이들 광자와 입자 간의 상호작용에 관여하는 물리적 특성을 나열해보면; 첫째로 입자가 광자의 진행방향에 수직으로 노출되는 단면적 크기(cross section; σ)가 있다. σ의 값이 클수록 광자와 충돌할 확률은 커지게 된다. 둘째로 입자와 광자가 충돌하였을 경우 "입사된 광에너지에 대한 흡수된 에너지의 크기 비(Q_a)"를 정의할 수 있다.

$$Q_a = \frac{\text{입자에 흡수된 에너지}}{\text{한 입자에 들어간 에너지}} \tag{4.18}$$

이것을 한 입자에 입사한 광에너지에 대한 물리-기하학적인 "**흡광효율인자**(Efficiency factor for light absorption)"라고 부른다. 마찬가지로 산란 그리고 감쇄된 에너지인 Q_b, Q_c를 같은 방식으로 정의할 수 있다. IOP에서 정의된 논리와 마찬가지로;

$$Q_c = Q_a + Q_b \tag{4.19}$$

라는 관계가 성립된다.

여기서 Q-factor의 다른 의미는 광학적 현상의 확률값이라 보아도 문제없다. 흡수되었다는 의미는 열에너지로 변화된 것이며 미생물이 광입자를 흡수하였다면 체내에 화학적 에너지로 변환하였음을 의미한다. 그리고 산란이 일어났다면 광자는 에너지의 손실 없이 방향만 바뀌었음을 말한다.

만약 실제입자의 단면적(cross section; s)에 Q-factor(단위 없음)를 곱하면 광자의 흡광-산란에 대한 유효단면적(Efficient cros-section; σ_e)이라는 용어를 만들 수 있다.

$$\sigma_e = s \times Q_i \tag{4.20}$$

4.3.3.1 Q-factor 측정 방법

만약 IOP들의 광학적 계수가 $i(a,\ b\ \&\ c)$이고 입자의 직경(d)이 단일 크기(monodispersed size distribution)로 된 매질을 가정해보자. 그리고 입자의 농도(N/V)는 아주 희박하여 광자들과 만날 확률은 전부 동일하다고 가정한다. 이런 경우;

$$i = \frac{N}{V}Q_i \cdot s \qquad\qquad (4.21)$$

로 주어진다. 얻어지는 Q값은;

$$Q_i = \frac{4\,i\,V}{N\,\pi\,d^2} \qquad\qquad (4.22)$$

로 계산된다. 여기서 s는 입자의 단면적으로 s = πd²/4로 주어진다.

만약 해수중에 다양한 크기별 입자분포(다중분포, Poly-dispersed size distribution)가 존재한다면 평균 Q값이 계산되어야 할 것이다.

$$\overline{Q_i} = \frac{i\,V}{\dfrac{\pi}{4}\displaystyle\int_0^\infty F(\mathrm{d})\,\mathrm{d}^2\,d\mathrm{d}} \qquad\qquad (4.23)$$

$F(\mathrm{d})$는 입자의 크기에 따른 단위 체적당 N/V을 나타내는 분포함수이다.

4.3.4 체적산란함수(VSF, $\beta(\theta)$)

광자의 산란 방향별 계수라는 의미이고, 각산란계수(angular scattering coefficient) 혹은 체적산란함수(Volume Scattering Function)라고도 한다. 사용 심볼은 $\beta(\theta)$이다. 이 개념을 처음 도입한 사람은 Petzold(1972)였다. 한 단위 부피에 입사한 광이 이 매질 내에서 산란각(θ, ρ)에 따른 산란광의 세기(m⁻¹ sr⁻¹)를 의미한다. 이 값은 입자들의 물리적 특성, θ에 따라 그리고 파장에 따라 변하는 값이다. 만약 입자의 모양이나 크기가 다양하다면 평균한 입자의 모양이 정 구형이라고 가정하여도 무방할 것이다. 이 경우 그 주변 각(azimuth)으로 산란하는 광의 세기는 모두 동일(isotropic values)할 것이다. 만약 모든 방향으로 분산되는 값의 크기가 모두 같다면 산란계수(b) 값으로 입자의 광특성을 이해하는 데 충분할 것이다. 여기서 한 방위(azimuth)각 ρ에 대하여 둘레 값은 동일하여도 천정

(zenith)각 θ에 대한 산란의 세기는 다르다(다음 그림 참조).

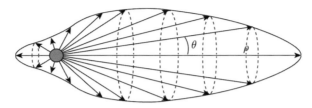

그림 4.6 가상의 한 구형 입자에 입사한 광에 대한 각 산란광세기, $\beta(\theta)$를 나타낸 그림. 입자의 물리적 특성(크기, 모양, 굴절률 등)에 따라 각 산란광의 크기는 크게 변화된다(제5장 Mie 이론 참조).

4.3.4.1 b와 $\beta(\theta)$와의 관계

다음 그림과 같이 무한히 작은 체적(dv)으로 평행 광 플럭스(Φ)가 입사한다고 가정하자. 그리고 임의 방향(θ, ρ)으로 산란되는 광의 세기(dI)를 정의하면 다음 그림과 같은 도식을 그릴 수 있을 것이다.

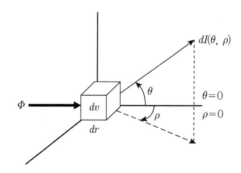

그림 4.7 단위 체적(dv)으로 입사한 광자의 임의 방향(θ, ρ)으로 산란

무한히 적은 단위체적에서 임의 방향으로 산란하는 광의 세기(dI)는 $\beta(\theta)$와 입사광의 크기 Φ, 그리고 단위체적의 기준 크기 dr에 비례할 것이다.

$$dI(\theta, \rho) = \beta(\theta).\Phi.dr \tag{4.24}$$

$$dr = \frac{dv}{ds} \tag{4.25}$$

광세기(I) 정의에 따라(식 4.1 참조),

$$I(\theta) = \frac{d\Phi}{d\omega} \tag{4.26}$$

$$d\Phi = I \cdot d\omega \tag{4.27}$$

양변을 다시 미분한 후, 식 (4.36)을 대입하면;

$$d^2\Phi = dI \cdot d\omega \tag{4.28}$$

$$(d\omega = 2\pi \sin\theta \, d\theta \; / \; \text{식 4.36 참조})$$

$$= \beta(\theta) \cdot \Phi \cdot dr \cdot 2\pi \cdot \sin\theta \cdot d\theta \tag{4.29}$$

상기 양변에 적분을 취하면

$$\int d^2\Phi = d\Phi = \int_0^\pi 2\pi \cdot \beta(\theta) \cdot \Phi \cdot \sin\theta \, d\theta \; \Phi dr \tag{4.30}$$

$$b \cdot \Phi \cdot dr = 2\pi \cdot \Phi \cdot dr \int_0^\pi \beta(\theta) \cdot \sin\theta \, d\theta$$

$$(d\Phi = -b\,\Phi \cdot dr)$$

$$\boxed{\begin{aligned} b &= 2\pi \int_0^\pi \beta(\theta) \sin\theta \, d\theta \\ &= \iint_0^{4\pi} \beta(\theta) \cdot d\omega \end{aligned}} \tag{4.31}$$

* 위의 식 표현에는 (-)가 표기되어야 하나 광자가 한 산란 매질에서 에너지를 잃는다는 의미이므로, 단순 크기의 의미로는 (-)를 붙일 필요는 없을 것이다.

위에서 총 산란계수(total scattering coefficient, b)는 전방(b_f)과 후방산란계수(b_b)로 나눌 수 있으므로 위 식은 다음과 같이 분리될 수 있다.

$$b_f = 2\pi \int_0^{\pi/2} \beta(\theta)\sin\theta\,d\theta \qquad (4.32)$$

$$b_b = 2\pi \int_{\pi/2}^{\pi} \beta(\theta)\sin\theta\,d\theta \qquad (4.33)$$

위 식에서 보다시피 산란계수(b)는 VSF의 값이 있어야 구할 수 있다. VSF의 값이 얻어질 경우 가장 큰 장점은 역산란계수를 얻을 수 있다는 것이다.

[참고] $d\omega = 2\pi\sin\theta\,d\theta$의 증명

광 복사이론은 한 점(point)에서 방사되는 광의 세기 혹은 한 점에 입사하는 광에너지의 크기를 말하므로 이론의 설명과 전개는 아래와 같은 구면좌표계를 활용한다. 아래 그림에서처럼, 임의 방향으로 반경 r이 주어질 때, 그때의 천정각 θ, 방위각 ρ라고 정의한다. 단위 입체각을 $d\omega$가 구 표면에서 만드는 미소 면적을 ds라고 하고, $d\omega$를 전구면으로 확대 적분하여 얻어지는 총 표면적과, ds로부터 얻어지는 총 표면적 S를 구하는 과정을 생각해보자.

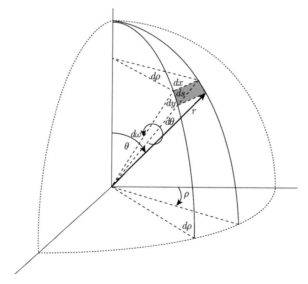

그림 4.8 구면좌표계에서 미소 표면 ds로부터 총 구면적 구하기

dw의 크기를 어떻게 표현되는지 규명하기 위하여,

$$ds = dx . dy$$
$$dx = r\sin\theta \sin d\rho$$
$$dy = r \sin d\theta \simeq r.d\theta \ (\theta\text{가 무한히 작은 경우})$$
$$= r^2.\sin\theta \sin d\rho.d\theta$$

전 표면적(S)을 얻기 위하여 위 식을 양변에 대하여 적분을 취하면;

$$S = r^2 \int_0^{2\pi} \sin\theta \, d\theta \int_0^{2\pi} d\rho = 2\pi.r^2 \int_0^{2\pi} \sin\theta \, d\theta \qquad (4.34)$$

그리고 구의 전 표면적 S를 ω의 함수로 표현하면;

$$S = r^2 \int_0^{2\pi} d\omega \ (= 4\pi r^2) \qquad (4.35)$$

위 식 (4.34)와 식 (4.35)를 서로 비교하면;

$$\boxed{dw = 2\pi \sin\theta \, d\theta}$$

$$\qquad (4.36)$$

라는 관계를 얻는다.

4.3.5 위상함수(Phase function, $P(\theta)$)

물리적 의미는 구면 좌표에서 임의 한 방향으로 빛이 산란할 확률밀도(probability density) 값이다. 다만 전 구면에 대하여 적분하면 4π가 되도록 하였다. 그러므로 하나의 주어진 위상(phase angle, θ) 함수에 따른 상대적 광세기를 뜻한다. 수학적 정의는 VSF를 총 산란계수 b로 나누어준 값, 다시 말하여 $\beta(\theta)$를 b로 규격화한 값, 이것을 **규격화된 VSF**(Normalized volume scattering function; nVSF, $\overline{\beta}(\theta)$)라고 아래와 같이 정의하고,

$$\overline{\beta}(\theta) = \frac{\beta(\theta)}{b} \qquad (4.37)$$

$$\iint_{4\pi} \overline{\beta}(\theta).d\omega = \frac{b}{b} = 1 \qquad\qquad (4.38)$$

그리고 $\overline{\beta}(\theta)$에 4π를 곱한 것을 특별히 위상함수(phase function)라고 정의한다.

$$P(\theta) = 4\pi . \overline{\beta}(\theta) \qquad\qquad (4.39)$$

역으로 $P(\theta)$를 4π로 나누어주면 nVSF가 된다는 의미이다.

이 이론을 해수중의 부유하는 입자에 적용하면, 해수중 부유입자의 모양은 구형화 혹은 정형화되었다고 볼 수 없어 개별입자 차원에서의 VSF의 크기는 각 ρ에도 종속되어야 할 것이다. 그러나 불규칙하게 된 입자들이 모두 특이한 한 방향으로 배열되었다고 볼 수 없고 다양한 크기로 존재하므로 전체 평균특성으로 개별입자들을 단순 구형으로 생각하고 광산란 이론을 설명하여도 큰 무리는 없을 것이다. 따라서 해수입자에 대한 위상함수(Phase function)는 일반적으로 ρ와는 무관하다고 가정할 수 있다.

4.3.6 순수 물의 위상함수

물은 분자적인 미시세계에서는 입자이기도 하지만, 일반적으로 액체 상태로 인정하므로 일반적인 입자의 광산란 특성과는 다른 형태를 보인다.

다음 그림 4.9에서 물의 Phase function을 보면 전/후방 산란각 0과 180°에서 동일하고 측면 산란각 90°에서는 전후방의 산란 크기가 서로 1/2이 됨을 볼 수 있다. 물의 $\beta(\theta)$의 입체적인 모습을 그리면 땅콩 모양과 유사한 형태라고 볼 수 있다. 이와 같이 90°를 전후하여 대칭적인 모습을 보이는 경우를 분자산란(Molecular scattering)이라 한다. 대기중의 공기(질소와 산소) 분자도 역시 분자산란을 일으키며 이를 Rayleigh scattering의 한 범주에 속한다(보다 자세한 이론은 제5장(5.2.1.1) 참조 참조).

그림 4.9와 4.10은 순수 물과 해수의 $P(\theta)$를 보여주고 있다. 가장 큰 차이점은 순수

(pure water)는 0°와 180°에서 대칭적인 모습으로 전형적인 분자산란 모습을 보여주고 있으나, 해수는 내부의 용해된 염과 무기 및 생물입자들에 의하여 더 이상 분자산란이 아니고, 전방(180도) 산란의 세기가 후방보다 엄청 강함에 주목할 필요가 있다. 당연히 산란 모양에서 앞/뒤 대칭성이 완전히 무너짐을 볼 수 있다.

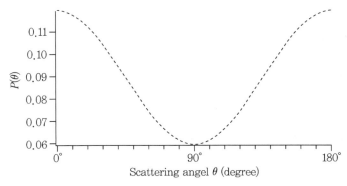

그림 4.9 Rayleigh(분자) 산란 모델에 따라 계산된 순수의 $P(\theta)$

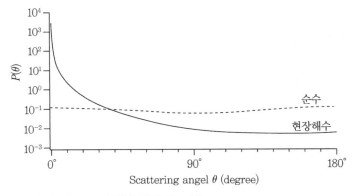

그림 4.10 실제 현장해수(물 + 다양한 입자)의 $P(\theta)$

대부분의 해수중 입자나 대기중의 에어로졸 입자에 의한 산란광의 세기는 전후방으로 비대칭 구조를 이루고 있다. 전방으로 광산란세기가 대부분이며 측면에서 최소가 되거나 아니면 후방에서 최소가 된다. 이것은 전적으로 입자의 크기나 굴절지수에 좌우된다(Mie 이론 참조).

그림 4.11 해수중 한 입자에 대한 가상적인 $\beta(\theta)$의 크기를 시각화한 그림

4.3.7 Indicating Diffusion($\tilde{\beta}(\theta)$)

$\beta(\theta)$의 값의 크기를 $\beta(90)$ 산란각 세기로 규격화한 값을 말한다. 이 산란광의 각에 따른 상대적 크기 모양을 쉽게 이해할 수 있다는 장점이 있다. 일반적으로 그 모양만을 중시하기 때문에 $90°$의 값으로 규격화($\tilde{\beta}(\theta) = \beta(\theta)/\beta(90)$)한 커브를 많이 사용한다. 적합한 우리말 표현을 하기 어렵다. 굳이 표현한다면 "**90도 규격화된** $\beta(\theta)$ **모양**"이라 해 보았다.

4.3.8 누적산란 함수(Cumulative Distribution Function, $F(\theta)$)

$\tilde{\beta}(\theta)$에서 각도에 따른 산란광의 세기는 정확하게 그 방향으로 산란한 광자 수와 비례한다고 볼 수 있다. 이 의미는 산란광의 세기가 바로 그 방향으로의 확률크기에 바로 관련이 된다는 의미이다. 따라서 0~180도까지 산란광의 세기를 계속 누적한 후 마지막으로 180도에서 총 누적값으로 전 각에서 나누어 주면 바로 그림 4.12와 같은 누적산란함수($F(\theta)$)가 된다. 이 누적산란함수는 Monte-Carlo 광 모의실험에서 광자의 산란각을 결정하는 주요 입력값으로 사용할 수 있다.

$$F(\theta) = \frac{\int_0^\theta \tilde{\beta}(\theta)\,d\theta}{\int_0^\pi \tilde{\beta}(\theta)\,d\theta} \tag{4.40}$$

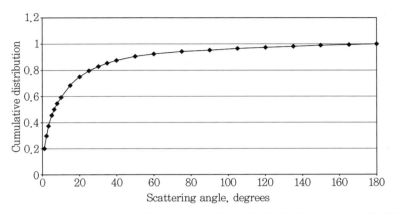

그림 4.12 $\beta(\theta)$의 각도에 따른 누적 산란광의 크기 한 사례, 대서양의 Bahama 섬의 맑은 곳에서 얻어진 해수를 사용하여 측정(Petzold, 1972)

위 그림에서 보듯이 해양에서는 총 산란광은 50% 이상이 전방 ~6도 이내에서 일어남을 볼 수 있다. 그러나 해수의 특성에 따라 $F(\theta)$의 곡선은 완전히 다를 수 있다. 즉, 해수중에서 입자의 분포함수(크기, 농도) 및 입자의 종류(유기물, 무기물 등)에 따라 곡선의 기울기는 변하게 된다. 일반적으로 입자 크기가 작아질수록 초기 기울기는 완만해지게 된다.

4.4 IOP 측정

4.4.1 해수중 물질의 흡광계수의 측정

해양원격탐사에 영향을 미치는 해수중 물질은 물 자신을 포함하여 크게 입자성과 용존성으로 나눌 수 있다. 입자성에는 식물 플랑크톤과 같은 생물기원과 그리고 부유성 무기입자로, 용존성에는 육상기원의 고분자 유기화합물인 황색(yellow)의 용존유기물(CDOM)로 분류할 수 있을 것이다. 이들 물질에 의한 IOP 측정은 물을 제외하고 별도로 측정하거나 물과 통합으로 측정할 수 있다. 일반적으로 현장 IOP 측정 기술은 간단하지 않으며 현재로는 많은 기술적 한계가 있다고 볼 수 있다.

4.4.1.1 부유식(Suspension Technique)

해수중 생물입자나 무기입자를 어떻게 하면 원래의 상태를 유지한 채 IOP 계수를 측정할 수 있을까? 사실 원상 손상 없이 해수중 물질의 IOP 계수를 측정한다는 것은 불가능할지도 모른다. 같은 입자량이라도 입자의 크기나 뭉쳐진 정도에 따라 광특성은 바뀔 수 있기 때문이다. 그리고 해수를 채수(sampling)하거나 농축 처리하는 과정에서 미생물은 죽거나 미생물이 파괴되는 일은 쉽게 일어나기 때문이다. 측정에서 가장 유의할 점은 해수중의 입자의 수가 너무 많아 다중산란(Multiple scattering)이 일어나서는 안 된다. 일반적으로 다중산란의 영향을 받지 않으려면 매질의 광두께(τ)가 0.3보다 작은 상태에서 측정되어야 한다. 가장 이상적인 흡광계수를 측정하는 이론적인 접근은 다음과 같다.

한 광원에서 만들어진 평행광선(beam light)이 입사 에너지 Φ, 단일 파장으로 무한히 얇은(dr) 흡광과 산란특성이 있는 매질을 투과한다고 가정하자.

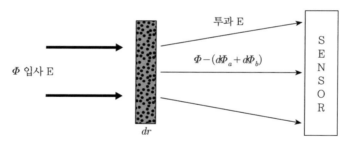

그림 4.13 부유식 IOP 측정법의 도식도

　　$- d\Phi_a$: 흡광으로 잃은 에너지

　　$- d\Phi_b$: 산란으로 잃은 에너지

여기서 매질이 무한히 얇다고 가정하였으므로 다음과 같이 정의할 수 있을 것이다.

$$-d\Phi_a = a\Phi dr$$ (4.41)
$$-d\Phi_b = b\Phi dr$$
$$-d\Phi_c = c\Phi dr$$

위에서 a: 흡광계수, b: 산란계수, c: 감쇄계수이다. 물론 이들 변수들은 파장(λ)에 따라 변하는 값이다. 매질의 광특성이 균질이라면 거리(r)에 따른 감소된 에너지 양은 거리 r에 대한 적분으로 표현할 수 있다.

$$\int_0^r \frac{d\Phi_c}{\Phi} = -\int_0^r c\,dr$$ (4.42)

$$\log\Phi_r - \log\Phi = -cr$$

$$\frac{\Phi_r}{\Phi} = e^{-cr}$$

$$\Phi_r = \Phi\,e^{-cr} = \Phi e^{-\tau}$$

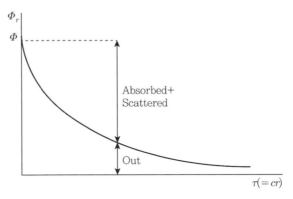

그림 4.14 광 흡수/산란 특성이 있는 매질에서 매질의 광학두께에 따른 투과에너지의 크기. 투과에너지는 지수함수로 감소함을 보여준다.

τ를 광학적 두께(optical thickness)라고 부른다. 즉 매질을 투과하는 동안의 흡광/산란에 대한 광저항성이라 볼 수 있다. $e^{-\tau}$는 광자가 이 매질을 투과할 때 어떤 충돌이나 흡광이 일어나지 않을 확률과 같다.

$$\Phi_a = \Phi - \Phi_r = \Phi(1 - e^{-\tau}) \tag{4.43}$$

$$\frac{\Phi_a}{\Phi} = 1 - e^{-\tau} \; : 1 - T$$

$$\Phi_r = \Phi e^{-\tau}$$

$$\frac{\Phi_r}{\Phi} = e^{-\tau} \qquad : Transmittance\,(T)$$

산란특성은 없고 흡광특성만 있는 매질의 경우 위와 같은 논리로;

$$\Phi_r = \Phi \, e^{-a.r} \tag{4.44}$$

로 정의할 수 있을 것이다. 투과도(T)는;

$$T = \frac{\Phi_r}{\Phi} = e^{-a.r} \tag{4.45}$$

흡광과 산란특성 모두 있는 매질의 경우 위와 같은 논리로;

$$\Phi_r = \Phi \, e^{-c.r} \tag{4.46}$$

로 정의할 수 있을 것이다. 투과도(T)는;

$$T = \frac{\Phi_r}{\Phi} = e^{-c.r} \tag{4.47}$$

한 매질에서 $\frac{b}{c} = \bar{b}$ 라고 정의하고 산란확률(scattering probability)이 된다.

$\frac{a}{c} = \bar{a}$ 는 흡광확률이 된다. $\bar{a} + \bar{b} = 1$ 이 될 것이다. 그러나 여기서 유의해야 할 것은

절대 확률은 아니고 감쇄계수에 대한 상대적인 산란 혹은 흡광이 일어날 확률을 의미한다.

일반적으로 흡광계수(a)는 해수를 채수한 후 시료를 방법에 맞게끔 농축/희석 처리

를 한 후 분광광도계(spectrophotometer) 내에서 광 투과도(T)를 측정한 후 흡광계수가 계산된다(아래 식 4.48 참조). 가장 핵심은 어떻게 하면 투과한 모든 광을 회수 측정할 수 있는가? 즉, 정확한 투과도(T)의 측정이 핵심 기술이 된다.

$$a = \frac{2.303 \log_{10}(1/T)}{r} \tag{4.48}$$

여기는 실제 두 가지 문제가 있는데, 첫째가 해수중 입자 농도가 너무 낮다는 것이다. 사용하는 석영 재질의 광튜브 셀(optical cell)의 크기는 길이가 1-5-10cm 정도를 사용하나 기본은 길이(r)가 1cm의 optical cell을 사용한다(그림 4.15 참조). 그러나 해수중 물질의 농도는 특별한 경우가 아니면 1~10cm의 path인 경우 농도값이 낮아 사용이 거의 어렵다. 해결 방안은 긴 튜브를 사용하거나 해수를 농축하여 내부의 물질(입자) 농도를 높여서 사용이 가능하다. 둘째 문제는, 이 경우 입자에 의한 측면(side) 혹은 후방(backward) 광산란으로 광이 일부 유실되어 흡광으로 잘못 인식 측정되므로 주의가 필요하다.

분광광도계를 사용할 경우 이 문제 해결을 위하여 가능한 optical cell 가까이에 넓은 면적을 가진 광센서를 설치하여야 한다. 분산된 광을 최대한 회수할 수 있도록 하기 위해서다(그림 4.15 참조). 실제 해수중에 존재하는 미생물 입자의 산란 특성은, 센서의 감지 범위 내 각에서 전방 산란광의 크기가 전체 산란광의 99.5% 이상을 차지하므로 산란광에 의한 오차의 크기는 무시 가능하다고 볼 수 있다(Bricaud et al., 1983). 그러나 굴절지

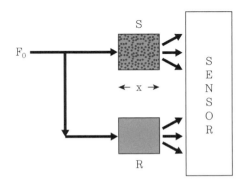

그림 4.15 분광광도계 내에서 시료(Sample)셀과 기준(Reference)셀

수가 큰 부유 광물질의 경우 측면 및 후방 산란광을 무시할 수 없어 이런 방법으로는 측정이 어려울 것이다.

그림 4.16 이중 빔 분광광도계(dual beam spectrophtometer)의 내부 구조. 시료 홀더와 기준 홀더에 장착된 광학적 셀(10cm)을 볼 수 있다.

분광광도계 방법의 경우와 같이 해수중 물질이 "부유상태로 측정하는 방법(suspension technique)"은 어떤 경우에도 산란광의 영향에서 자유로울 수 없다는 문제점을 갖고 있다. 산란광 영향이 있었다는 증거는 750nm 근처에서 흡광값이 발생(일반적으로 해양 미생물입자는 이 파장대에서 흡광이 거의 없음)하기 때문에 측정 오차의 유무를 알 수 있다. 일반적인 분광광도계는 이중 빔 방식으로 같은 광학셀 2개를 동시 장착하게 된다. 하나는 시료 홀더(Sample Holder; SH)에 다른 하나는 기준홀더(Reference Holder; RH)에 고정한다. 즉, SH와 RH에 똑같이 순수 해수를 넣은 광학셀을 장착하고, 용도에 따라 자외선에서 근적외선 영역까지 연속적으로 광 빔을 번갈아 조사하면서 양쪽의 석영 셀의 광학적 차이를 보정하는 과정이 있다. 이를 **기준선교정(Baseline correction)**[4]이라 한다. 이어서 SH에 농축된 부유입자 시료로 교환하고 다시 전 파장에서 스캐닝(scanning)

---

4 시료셀과 기준셀의 광특성이 완벽하게 같을 수 없다. 이 차이를 전파장에 걸쳐서 보정해주는 과정을 의미한다. 이 과정이 있어도 시료셀에 시료를 넣은 후 재 장착 시 이전과 위치가 동일하지 않으면 오류가 발생되므로 이용자의 숙련이 필요하다.

하게 되면 해수중 입자들의 파장에 따른 흡광계수가 측정된다. 이 경우 해수와 광학 셀의 영향은 기준선교정에서 제거되고 오로지 부유입자들만의 흡광이 측정된다. 부유식 측정법의 가장 큰 문제점은 입자에 의한 광산란으로 광센서에 산란광이 도달하지 못하여 이것을 흡광으로 잘못 인식하는 데 있다.

현장에 사용되는 광학셀(tube)은 이런 문제를 제거하기 위하여 튜브 내부를 거울처럼 코팅(coating)하여 산란광을 회수하기도 한다. 그렇지만 이 방법도 후방 산란광을 회수할 수는 없다.

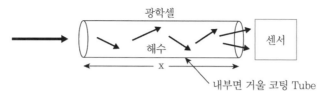

그림 4.17 현장에서 사용되는 흡광도계의 광학셀의 구조(Satlantic사의 AC-9에서 채택한 방법)

산란광을 거의 100%까지 회수할 수 있는 방법은 적분구를 사용하여 그 내부에 광학셀을 위치하는 방법이 있을 것이다(그림 4.18 참조). 그러나 엄격하게는 이 방법도 적분구 내부에서 일어나는 다중산란으로, 샘플이 다중 노출되어 실제보다 흡광도가 증가할 수 있다는 우려는 피할 수 없다.

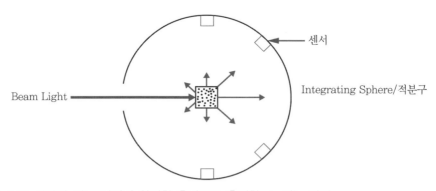

그림 4.18 산란이 있는 매질의 완벽한 흡광도를 측정할 수 있는 방안.
적분구만이 모든 방향으로 산란한 광을 회수할 수 있음을 보여준다.

4.4.1.2 필터식 기술(Filter Technique)

앞서 설명한 부유식 흡광측정법의 산란에 의한 문제를 해결하기 위해서 Kiefer & SooHo(1982)가 개발한 방법으로, 해수중 입자상태의 물질만 측정할 수 있다. 해수중 부유입자들을 흰색의 GF/F 필터에 여과한 후 이 필터를 바로 분광광도계에 부착한 후 흡광계수를 측정하는 방법이다. 일명 필터 테크닉(F.T)이라 한다. 물론 측정 전에는 필터를 해수에 오랫동안 담가서 빈(blank) 필터 2장을 SH와 RH에 부착한 후에 baseline 수정을 먼저 해두어야 할 것이다. 이 방법은 부유기법에 비하여 스펙트럼 모양이 아주 선명하고 신호 잡음도 적어 현실적으로 가장 많이 사용하는 기술이도 하다. 광이 시료를 통과한 거리(optical path, x)는 농축을 위해 거른 해수의 총 부피(V)를 거른 단면적(s)으로 나눈 값이 될 것이다. 이 기술의 가장 큰 문제점은 실제 앞의 부유기법보다 흡광계수 값이 항상 양 2배 정도 크게 측정된다는 것이다. 이 증가된 흡광현상의 원인이 무엇인지 규명되지 않았으나 아마도 입자와 필터 간의 광자의 다중 충돌현상으로 추정된다. Kiefer & SooHo(1982)는 이 증폭 현상을 "*β-effect*"라고 명하였다(각 산란함수 β와 동일한 심볼이니 혼동 주의!). 따라서 이 방법을 사용할 경우 진짜 흡광계수는 측정된 흡광계수를 β값으로 나누어 주어야 한다. Cleveland and Weidemann(1993) 연구에 의하면 F.T에서 β와 측정된 OD_{filter}와 사이에는 다음과 같은 관련이 있음을 연구하였다.

$$\beta(\lambda) = \frac{1}{0.378 + 0.523 \, OD_{filter}(\lambda)} \tag{4.49}$$

즉, OD의 값이 클수록 β값은 작아짐을 의미한다.

Ahn(1992)은 필터 위에 걸러지는 입자의 크기가 작을수록, 그리고 입자의 광학적 굴절지수의 값이 클수록 β값이 증가하는 현상을 발견하였으며, 실제 식물 플랑크톤에서 β의 크기의 범위는 대략 2 ± 0.5 라고 하였다.

F.T에서는 측정값의 불확실성이 있음에도 실제 해수중 입자의 흡광계수를 측정하는

데 가장 많이 사용되는 방법이다. 이는 사용의 편리성과 스펙트럼의 잡신호(noise)가 거의 없다는 큰 장점 때문이다. Kishino et al.(1985)는 이 방법을 다음과 같이 더욱 발전된 방법으로 개발하였다. 해수중 입자의 총 흡광계수(a_t)를 구하고 이어서 수 시간 동안 메타놀(methanol)에 이 필터를 담근 후 광합성 색소를 전부 추출 제거한 후, 다시 측정하면 색소만을 제외한 탈색된 모든 유/무기 입자의 흡광계수(a_{nc})를 얻게 된다.

이 2개 값의 차이는 바로 식물 플랑크톤의 광합성 색소의 흡광계수(a_{ph})가 된다.

$$a_{ph}(\lambda) = a_t(\lambda) - a_{nc}(\lambda) \tag{4.50}$$

물론 a_{ph} 는 엄격하게 보면 살아있는 식물 플랑크톤의 전체 흡광계수는 아니고 단순 광합성 색소만의 흡광계수가 될 것이다. 그렇지만 식물 플랑크톤의 흡광은 대부분 색소에 의하여 결정된다는 것을 고려하면 식물 플랑크톤의 흡광계수라고 하여도 크게 틀리지는 않을 것이다. 이 개선된 방법이 F.T의 또 다른 큰 장점 중의 하나이며, 많은 연구자들이 사용하는 이유 중의 하나이다.

4.4.2 해수중 입자의 감쇄계수(c)의 측정

부유식 흡광계수의 측정법과 유사하다. 현장해수를 원액 혹은 농축하여 분광광도계의 광학셀(optical cell)에 넣어서 측정한다. 입자의 흡광계수 측정법에는 부유식과 필터 방식이 있지만 감쇄계수(c)의 측정에는 오직 부유식만 있다. 감쇄계수(c)의 측정법을 먼저 이해할 필요가 있다. 감쇄계수는 분광분석기 내에서 샘플을 투과한 광에너지 중 흡수되고 산란된 에너지를 제외하고 투과된 에너지만 구하면 된다. 장치는 다음 그림과 같다. 흡광계수를 측정하는 방법과 유사하지만 큰 차이점은 1) 샘플(sample)과 광 센서 간의 거리는 가능한 멀어야 한다. 2) 센서 바로 앞에 바늘구멍(pin hole)의 격막(dia-phragm)을 설치해야 한다. 산란과 흡수된 광을 제외하고 투과된 광에너지를 측정하기 위함이다.

구멍의 크기는 작을수록 좋지만 너무 작으면 광신호가 너무 약하여 노이즈(noise)가 증가하므로 기기의 감도에 따라 적절한 조정이 필요하다.

그림 4.19 감쇄계수(c)를 측정하기 위한 분광기 구조

이 장치로 투과도(T)를 얻은 후 식 (4.34)에 적용하면 바로 c(attenuation coefficient)가 된다. 산란계수를 직접 측정할 수 없고 흡광계수와 감쇄계수를 먼저 측정하고 그 차이로 산란계수 ($b = c - a$)를 계산한다.

현장 관측기기(예: AC-9)에서는 광튜브(optical tube) 없이 광 빔(beam)을 센서로 바로 보내면 중간에 있는 해수 입자들에 의한 투과도를 측정하면 될 것이다. 물론 사전에 기기를 투명한 해수에 담근 후 얻어지는 신호를 바탕으로 기준선교정(baseline correction)을 한 후 활용해야 할 것이다.

4.4.3 VSF($\beta(\theta)$)의 측정

현실적으로 $\beta(\theta)$를 측정하기는 상당히 어렵다. 그 이유는 $\beta(\theta)$의 값이 너무나 미약한 신호이므로 측정 장치를 주변의 잡광(Noise) 없이 순수한 값을 얻는 장치를 제작하기가 쉽지 않다는 것이다. 개념은 아주 단순하다. 주어진 하나의 입자에 빔 광을 조사하고 0~180°까지 신호의 세기를 측정하면 된다. 많은 과학자들이 이 기기를 만들기 위하여 노력하였으나 실제 현장에서 초분광(hyper-spectral)으로 상용화된 기기는 없었다. WetLab

사에서 3개 각에서 VSF를 측정할 수 있는 기기(모델 LISST-100)를 만들어 판매하고 있다.

Hiroyuki et al. (2013)은 파장 400~700nm, 파장 간격 10~20nm, 각 8~172°까지 1° 간격으로 측정할 VSF 기기를 제작한 바 있다(그림 4.20 참조). 여기서도 각 범위 0~7°와 173~180°까지의 자료는 측정할 수 없었다. 따라서 VSF는 실험실에서 단일파장, 몇 개의 각에서 측정은 가능하나 해수를 초분광으로 $\beta(\theta, \lambda)$의 값을 얻는 것은 거의 불가능하다 볼 수 있다.

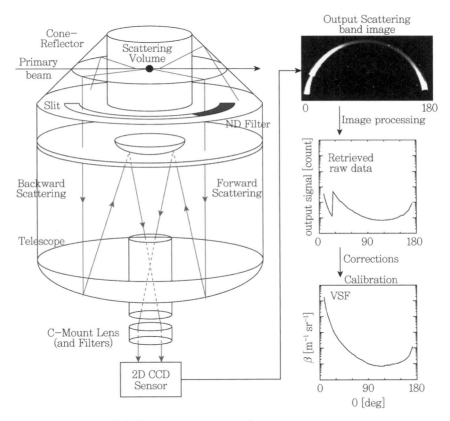

그림 4.20 VSF meter 디자인(Hiroyuki et al., 2013)

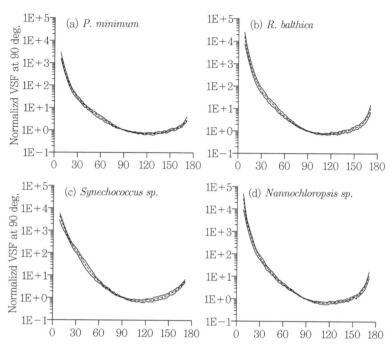

그림 4.21 파장 560nm에서 4개 식물 플랑크톤 종의 VSF($\tilde{\beta}(90)$), 산란각 90°에서 normalized 됨 점선은 표준편차(Hiroyuki et al., 2013)

그림 4.21은 4개 식물 플랑크톤 종의 규격화된 VSF을 보여준다. 몇 가지 특이사항을 보면 측면 각(90~150°)에서 최솟값을 보여주고, 이 크기는 전방 산란광의 1/1000 이하로 미약하다. 90° 이후의 적분된 산란광의 크기가 역산란(backscattering)이라 보면 이 크기는 총(total) 산란의 1/1000 이하임을 알 수 있다. 그리고 종에 따른 편차는 조금씩 있으나 그 차이는 그렇게 크지 않음을 볼 수 있다.

4.4.4 역산란계수(b_b)의 측정

해색원격탐사에서 가장 중요한 변수는 해수의 반사도이고, 이 해수의 반사도는 물 자체의 역산란(back scattering) 광이 주를 이루며, 그 외에 해수중에 포함된 생물입자에 의한 산란광 그리고 기타 다양한 부유성 입자에 의한 산란광으로 구성된다고 볼 수 있다.

따라서 해수 반사도의 이론적인 모델링을 위해서는 이들 입자의 역산란계수(b_b)를 알지 못하고는 불가능하다고 할 수 있다.

b_b의 측정은 $\beta(\theta)$의 값을 측정할 수만 있으면 가장 완벽한 방법이 된다. 그러나 앞에서 언급하였듯이, VSF의 측정은 대단히 어렵다(한 파장에서 $360°$ 각을 측정해야 하고, 다시 원하는 파장 영역 400~750nm에서 측정, $1°$, 1nm 간격으로 하려면 350 × 360 = 126,000개의 data가 필요). 그래서 적어도 한 개의 파장에서 단 번에 측정할 수 있는 기기가 필요하다. 가장 손쉬운 방법은 분광기와 적분구(IGS, InteGrating Sphere)를 사용하는 방법일 것이다(그림 4.22 참조). 적분구 뒤쪽에 전방 산란된 광이 되돌아 나올 수 없는 광트랩(light trap) 기능이 있는 특수 광학셀을 부착하는 구조로 역산란된 광의 세기를 측정하였다(Ahn et al., 1990 & 1992). 광트랩의 원리는 광학셀의 후면 벽에서 반사된 광이 다시 IGS 내부로 들어오지 못하게 하였다. 이 방법에서도 완벽한 b_b를 측정할 수 없는 문제점이 있다. 그것은 광학셀의 전면 유리에서 물-유리 사이의 임계각(critical angle)이 존재하므로 역산란광이 모두 IGS 내부로 들어올 수 없다는 것이다. 이 회수하지 못한 광의 크기는 Mie 이론으로 구한 후 보완해주는 방법이 있다.

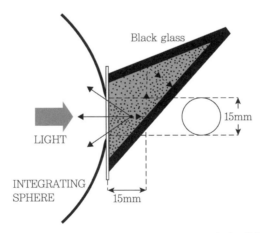

그림 4.22 b_b를 측정하기 위한 광트랩 셀(Light trap optical cell)과 적분구(Integrating sphere) 장치

현장에서 b_b를 측정하는 기기는 HOBI Labs사(社)에서는 "Hydroscat-6" 이름으로 판매되고 있다. 단지 6개의 파장대에서 b_b를 측정할 수 있는 기기이다. 그 외에도 Sea-Bird 사에서는 BB-9이란 기기가 판매되고 있다. 그 방법은 그림 4.23(A)와 같이 LED 다이오드로 발광한 광(S)을 수중으로 보내면 약간 비스듬한 각에서 산란된 광의 일부를 감지(D)하게 된다. 어찌 보면 어떤 특이한 각에서 주어지는 한 VSF의 값을 측정하였다고 볼 수 있다.

제작자는 이 $\beta(\theta)$과 b_b의 관계를 파장별로 통계적으로 구하였고 [$b_b = C^{te} \beta(\theta)$]. 141°에서 상호관계가 최적이 되는 것을 찾아내었다. 물론 여기서도 표적 볼륨(그림에서 "dV")에서 센서(sensor)까지 광이 도착하는 동안 흡광/감쇄되는 광량을 추정하기 위하여 매질의 감쇄계수(attenuation coefficient)를 별도의 기기로 측정하는 것이 필요하며 이에 따른 $\beta(141°)$을 보상해주었다(Maffione & Dana, 1997).

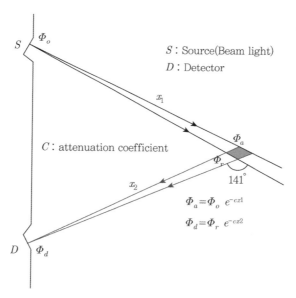

그림 4.23(A) Hydroscat-6의 디자인

그림 4.23(B) HOBI Labs사의 Hydroscat-6 Bascattering 센서

4.5 외형적 광특성(AOP) 인자

한 매질의 IOP는 물 밖의 **광 분포**[5] 특성에 영향을 전혀 받지 않는 인자임에 반하여 AOP
는 외부의 광 분포와 해수의 타 IOP에 영향을 받으며 그 값이 조금은 변할 수 있는 인자이
다. 따라서 원격탐사 기술에서 AOP 특성은 분석기술 개발에 적합하지 않다고 볼 수 있
다. 그리고 우리가 해양에서 얻을 수 있는 IOP 광특성은 관측이 무척 어렵다. 그럼에도
AOP는 해수의 광학적 특성이 변하기는 하지만 쉽게 측정이 가능하고 항상 같은 관측 환
경을 유지한다면 안정적 값을 얻을 수 있는 변수들이다. 예를 들면 해수의 반사도
(Reflectance; R)가 그런 경우이다. 즉, 반사도는 어떤 시간대(태양의 고도 변화)에 측정
하였는지 혹은 구름이 있는 경우와 없는 경우에 따라 크게 차이가 나지 않는다. 따라서
측정시간에 따라 크게 변할 수 있는 아래 변수는 AOP에 넣지 않는다.

---

5 물의 광특성을 이야기할 때 물 밖의 광의 분포, 즉 구름이 있는 경우와 없는 경우 태양의 고도가 높은 경우,
낮은 경우에 따라 눈에 보이는 수색이나 물의 반사광 세기는 크게 변한다. 따라서 물 밖의 광 분포(Light
field distribution)는 중요한 의미를 갖는다.

- 상향복사조도(Upwelling irradiance, E_u)

- 하향복사조도(Downwelling irradiance, E_d)

- 수출복사휘도(Water leaving radiance, L_w)

AOP를 나열해 보면 아래와 같다.

- 해색(Water color)

- (분산광) 감쇄계수(Diffuse attenuation coefficient, K_d 혹은 K_u)

- (분산광) 반사도(Diffuse Reflectance, R)

- 원격반사도(Remote sensing reflectance, R_{rs})

- 평균 코사인(Average cosine, μ_d 혹은 μ_u)

AOP의 가장 큰 특징은 실험실에서 얻을 수 없으며 현장에서만 측정할 수 있다. IOP와는 다르게 AOP는 원칙적으로 개개 성분으로 분리하여 표현할 수 없다는 것이다. 예를 들면, 물의 AOP인 총 분산감쇄계수를 K_{to} 라고 할 때;

$$K_{to} \neq K_{water} + K_{bio-particle} + K_{mineral-paticle} + K_{cdom} \tag{4.51}$$

상기 특성은 엄격한 이론적 잣대로 보면 그렇다는 것이다. 그러나 현실적인 광학적 모델링을 하는 경우 상기 식처럼 가정하였다고 하여 완전히 틀린 것이라고 할 수는 없을 것이다. 특히 관측 시간대가 거의 동시(외부 광학환경이 동일)에 이루어졌다면 AOP의 성분 간의 합산은 가능할 것이다.

각 항목별 정의를 알아보면 다음과 같다.

4.5.1 상하향 복사 광휘도(Down & Up-welling Radiance, L_u)

태양 빛과 하늘에서 산란된 광이 해수중으로 입사한 광은 하향 복사광휘도(L_d) 성분도 있을 것이고, 수중에서 흡광과 산란을 거친 후 상향 광휘도(L_u) 성분이 존재한다. 이 L_u의 크기는 파장(λ), 수심(z), 천정각(θ) 및 방향각(ρ)의 함수이며 수중관측용 분광기로 측정할 수 있다. 분명 L_d의 크기는 물 밖의 태양 쪽으로 강한 방향성을 보여준다. 반면 L_u는 거의 방향성이 없는 것이 특징이다. 단위는 (mW nm^{-1} sr^{-1})이다. 혼선을 피하기 위하여 다시 정리하면 수표면하에서 upwelling radiance는 $L_u(0^-)$로 표기하나 바로 수면을 벗어나는 $L_u(0^+)$로 표기하지 않고 L_w로 표기한다.

4.5.2 수출광휘도(Water Leaving Radiance, L_w)

L_u의 크기는 바로 수표면 바로 아래(0^-)에서 최대 신호가 되며 물과 공기의 경계면에서 일부는 반사되어 되돌아가고 일부는 물표면 밖으로 나오게 된다. 이를 L_w라고 한다. L_u와 L_w의 관계는 다음과 같이 정의된다(Austin, 1974).

$$L_w(\lambda) = L_u(0^-, \lambda)\frac{1 - F_r(\lambda)}{n_w^2} \qquad (4.52)$$

여기서 n_w는 물의 굴절계수(~1.34)이다. F_r은 공기-물 사이의 Fresnel 반사계수로 약 0.021이 된다. 위 방법을 사용하면 현실적으로 $L_u(0^-, \lambda)$를 측정하기란 쉽지 않을 것이다. 그래서 $L_u(0^-)$는 아래 식에서처럼 $K_u(\lambda)$와 $L_u(z_1, z_2)$ 값을 수중에서 구한 후 수심 0^-까지 외삽법으로 추정하는 방법을 사용해야 한다(식 4.61 참조).

$$K_u(\lambda, \triangle z) = \frac{1}{z_2 - z_1}[\log E_u(\lambda, z_1) - \log E_u(\lambda, z_2)] \qquad (4.53)$$

$$L_u(\lambda, 0^-) = L_u(\lambda, z_1) \exp\left(K_u(\lambda).\triangle z\right)$$

위에서 $\triangle z = z_2 - z_1$ 이다. 이와 같이 수중 광도계로는 물속 L_d, L_u, E_d, E_u 를 측정하나 $E_d(0^+)$, $E_u(0^+)$ 와 L_w 를 측정하는 방법은 물 밖(above water) 휴대용 분광계(spectro-radiometer)를 사용한다.

4.5.3 수색(Water Color)

수색, 즉 바닷물의 색은 낮 시간에 $L_w(\lambda)$ 로 인해 인간의 눈에 보이는 감성적이고 외형적 색상일 뿐이다. 저녁노을 광이 해수로 들어가면 붉게 보이고, 회색 하늘빛이 들어가면 역시 회색빛으로 보인다. 해색원격탐사에서 아무런 과학적 분석정보를 제공하지 못한다. 다만 어떤 경우에는 경험적으로 해수 정보를 추정할 수는 있을 것이다. 그리고 입사하는 광의 스펙트럼 외에도 동시에 수중에 포함된 물질의 종류와 양의 변화에 수색이 민감하게 변하고 있는 것은 사실이다. 이것이 해색원격탐사의 기본 원리이다. 한낮의 해수색은 물 분자의 산란에 의하여 푸른색을 띠며 이것이 해수의 기본색이라 할 수 있다. 저자는 과거 바다에 나가면 수색으로 동료들과 수중 클로로필 농도를 추정하는 의견을 주고받은 적이 있다. 이와 같이 수색은 정량화하기 어려운 개념의 감성적인 표현이지만 분광기로 측정하면 정밀한 해수내부 정보를 얻을 수 있는 중요한 자료가 된다.

4.5.4 분산 반사도(Diffuse Reflectance, R)

정확한 표현은 **분산광에 의한 반사도**이지만 일반적으로 간단하게 반사도(Reflectance)라고 부른다. 해수면을 기준으로 입사되는 광에너지(E_d, downwelling irradiance)에 대하여 반사되어 물 밖으로 올라오는 광에너지(E_u, upwelling irradiance)의 비 값이라 정의한다.

$$R(\lambda, 0^+) = \frac{E_u(\lambda, 0^+)}{E_d(\lambda, 0^+)} \qquad\qquad (4.54)$$

파장(λ)에 따라 그 값이 크게 달라지므로 이것이 원격탐사의 기본 기술이 되는 광 환경 정보가 된다. 물론 수심에 따라 그 반사도를 측정할 수 있을 것이다. 분산이라는 표현이 들어가는 이유는, 해수면 위(0^+) 반사도는 하늘 및 해수중에서 일어나는 모든 산란광에 대한 반사도이므로 "분산(diffuse)" 혹은 "광조도(Irradiance)" 반사도라고 부른다. 단위는 없다. 좀 더 상세하게 보면 이 반사도는 크게 2개의 성분으로 구성된다. 하나는 해수 표면에서 일어나는 Fresnel 반사와 수중에서 물분자와 입자들에 의하여 반사되어 나오는 성분으로 구분할 수 있을 것이다.

$$R(\lambda) = R_g(\lambda) + R_w(\lambda, 0^+) \qquad\qquad (4.55)$$

위에서 R_g은 해수면에서 일어나는 Fresnel 반사(glint)를 의미하며, $R_w(\lambda, 0^+)$는 순수하게 물 밖으로 나오는 수괴에 의한 반사도이다. 위성원격탐사에서 최종 필요한 $R_w(\lambda, 0^+)$는 총 $R(\lambda)$를 측정한 다음 R_g의 값을 빼준 후 얻을 수 있다. 배 위에서 관측할

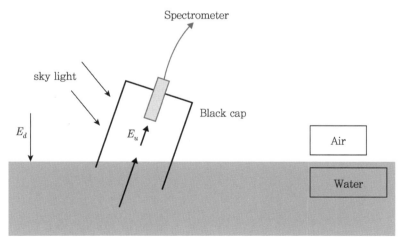

그림 4.24 물 밖에서 하늘의 해면반사를 제거하고 순수 해수 반사도를 얻기 위한 디자인 (안유환 등, 1999)

때 광학센서에 하늘의 산란광(Sky)에 의한 반사광 차단용인 검은 커버(black cap)를 센서 위에 덮어씌워 $R_w(\lambda, 0^+)$를 직접 관측할 수도 있도록 하였다(그림 4.24 참조).

그림 4.24에서 해수면 바로 아래(0^-)의 $R(\lambda, 0^-)$를 측정하려면 센서를 물에 담그고 $E_u(0^-)$를 측정하면 바로 반사도가 얻어질 것이다.

원격탐사에서는 $R(\lambda, 0^-)$를 얻는 것이 중요하며 이것은 결국 해수 위의 대기 광 분포, 해수의 IOP와 AOP 특성에 의하여 결정된다고 볼 수 있다. 일반적으로 반사도는 해수의 역산란계수(b_b)에 비례하고 흡광계수(a)에 반비례한다. 이에 대한 자세한 관계는 추후 다시 검토될 것이다.

4.5.5 원격반사도(Remote sensing Reflectance, R_{rs})

일반적인 반사도는 해수면에서 분광조도 센서를 상하로 뒤집어서 관측한다. 이것이 단순히 에너지의 비 값이라면, 위성에서 관측되는 반사도와 같이 관측 센서가 해수면에서 멀리 떨어져 있는 경우 해수에 입사되는 것은 조도(irradiance, W/m²/nm)이고, 위성 망원렌즈에는 한 방향으로 센서에 들어오는 광 휘도(radiance, W/m²/nm/sr)이므로 단위가 일치하지 못한다. 따라서 물리적 의미가 다른 이 2인자 간의 비 값을 **원격반사도**(R_{rs})라 한다. 만약 $R_{rs}(\lambda)$를 해수면 바로 위(0+)에서 정의하면 다음과 같이 표현된다.

$$R_{rs}(\lambda, 0^+) = \frac{L_w(\lambda)}{E_d(\lambda, 0^+)} \ [\text{sr}^{-1}] \tag{4.56}$$

여기서 $L_w(\lambda)$는 수출광휘도(water leaving radiance)이다. 만약 위 식에서 E_d가 이 대기권 밖에서 얻어지는 것이라면 이 경우 대기권 밖에서 $R_{rs}(\lambda)$라고 부르고 이때의 E_d의 값은 태양상수에서 이미 잘 알려진 값이 된다. 물론 센서에 얻어지는 광 신호는 L_w 외에 대기산란 신호가 추가될 것이므로 대기에 의한 산란광을 제거해주어야 한다(제6

장 참조). 여기서 R은 단위가 없고, R_{rs}는 단위가 있음에 유의하여야 한다.

4.5.6 방향성 반사도(Directional Reflectance, R_L)

해수가 완벽한 Lambertian 반사체라면 E_u는 임의 방향에서 L_u를 측정한 후 이 값에 π를 곱하면 된다(식 4.13 참조). 그러나 실제 해양의 L_u 크기는 해수의 광특성과 태양의 위치에 따른 방향성이 있다. 따라서 L_u로부터 계산되는 E_u는 어떤 특정 방향에서 얻어진 E_u라고 볼 수 있다. 이 경우에 얻어지는 반사도를 **방향성 반사도**라고 부른다.

$$R_L(\theta, \rho, z) = \frac{\pi L_u(\theta, \rho, z)}{E_d(z)} \tag{4.57}$$

4.5.7 산란광 감쇄계수(Diffuse Attenuation Coefficient, K)

실험실 분광기에서 해수의 감쇄계수(c)는 빔 광에 의한 것이다. 실제의 해양에 입사하는 광은 하늘의 산란광과 태양 직사광이 혼합된 분산광(irradiance)이다. 따라서 해수의 깊이에 따른 밝기의 변화는 산란된 광에 의한 감쇄계수에 좌우된다. 해양에서 수심이 깊어질수록 밝기(E)는 어떻게 변할까? 이것은 태양의 고도 및 해수의 IOP(a, b & b_b)에 따라 결정될 것이다. 따라서 같은 해수라도 태양고도나 관측시간에 따라 변할 수 있다. 이것은 해양의 실제 광 감쇄계수가 실제 태양고도/하늘의 상태에 따라 바뀔 수 있는 감쇄계수를 의미한다. 이것을 **산란광 감쇄계수(K)**라고 한다. 해양에서 대표적인 AOP 인자로 실제 해양에서 가장 많이 사용되는 광 계수이다.

광학적으로 수평 균질의 해양을 생각해보자. 오직 수직으로만 그 밝기가 변한다고 가정하자. 수심 z_1에서의 에너지를 E_d, 수심 dz에서 감소된 에너지를 dE_d라면, 수심 z_2에서의 에너지는 $E_d - dE_d$가 된다.

$$-dE_d = K\,E_d\,dz$$

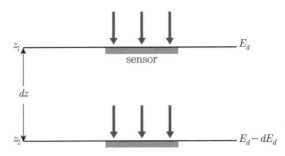

그림 4.25 산란광 감쇄계수를 측정하기 위한 그림

여기서 하향 K_d를 하향조도감쇄계수(Attenuation Coefficient for the down-welling irradiance)라고 부른다. 혹은 단순히 **산란광 감쇄계수(Diffuse Attenuation Coefficient)**라고 한다. 위 미분식을 전개하면 아래와 같은 결과를 얻게 된다.

$$\frac{dE_d}{E_d} = -Kdz \qquad (4.58)$$

양변을 적분하면

$$\int \frac{dE_d}{E_d} = -K\int dz$$

$$\log E_d = -Kz + c$$

$z \Rightarrow z_1$일 때 $E_d \Rightarrow E_d(z_1)$이므로

$$E_d(z_2) = E_d(z_1)\,e^{-K_d z} \qquad (4.59)$$

그리고

$$K_d(z) = -\frac{d\log E_d(z)}{dz} \qquad (4.60)$$

$$K_d(z) = -\frac{\log E_d(z_2) - \log E_d(z_1)}{(z_2 - z_1)} \tag{4.61}$$

라는 결과를 얻는다. 즉, K값은 $d\log E_d(z)$에 비례하는 관계라 볼 수 있다(그림 4.26 참조). 그러나 흡광계수(a)와는 다르게 한 파장에서 K는 물의 광특성이 변하지 않아도 일정한 값을 유지할 수 없다. 즉, K값은;

- 수중의 IOP 크기에 따라
- 하늘의 광 분포
- 태양의 고도(입사각)
- 하늘의 구름의 상태에 따라
- 해수가 수직으로 IOP가 균질이라 할지라도 수심에 따라

변할 수가 있다. 그 이유는 수심에 따라 위에서 내려오는 광의 분포 특성이 변하기 때문이다. 수표면에서는 E_d는 태양광의 주 영향을 받게 되지만 깊은 수심에서는 태양이라는 점(point) 광원은 없어지고 상부의 넓게 산란된 물덩이 전체가 광원이 된다. 이것이 바로 K가 수심에 따라 달라지는 이유이다. 그 외에도 파장에 따라서 크게 차이가 난다.

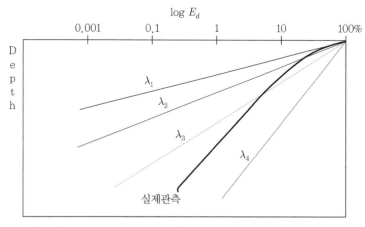

그림 4.26 수심–파장에 따른 K_d(그래프의 기울기)의 변화. 대체로 일정한 값을 보여주나 수표면 가까이서 곡선을 그리는 현상을 볼 수 있다

위와는 역으로 상방향 광(E_u)에 의한 K의 계수를 정의하여 상향산란광감쇄계수 (attenuation coefficient for the upwelling irradiance, K_u)라고 한다.

4.5.8 K의 현장 측정

K_d값을 한 번에 측정할 수 있는 방법은 없다. 식 (4.61)을 사용하여 최소한 2개의 수심에서 $E_d(z)$의 측정이 필요하다. 관측에 사용하는 기기는 **코사인콜렉터**(cosine collector)를 가진 분광조도계(spectro-irradiancemeter)가 필요하다. 정확한 수심을 알아야 하므로 수심 센서가 내장되거나 아니면 기기를 매단 줄(rope)에 수심을 표시하여 사용하기도 한다. 다만 이 경우 기기가 해류에 의하여 비스듬히 물속으로 들어갈 수 있으므로 측정에 오류를 가져올 수 있으니 유의할 필요가 있다. 그 외 바로 수표면 하에서 측정 시 표면해수의 유동으로 렌즈와 비슷한 효과가 발생하여 측정시간 동안 안정된 신호를 얻기가 어려운 경우가 발생한다. 따라서 표면의 해수 유동의 크기에 따라 수심 0~20m 에서는 안정된 E_d를 얻을 수 없는 경우가 발생하므로 조심하여야 한다(그림 4.28 참조).

그럼 L_d로부터 K_d를 구하는 것은 바람직한가? $L_d(\theta, \rho)$를 측정한다는 것은 특정한 방향성이 있다는 것을 의미한다. 따라서 이때 얻어지는 K_d는 대표성 있는 산란 감쇄계

그림 4.27 해수중 수심에 따른 E_d, E_u, L_w를 측정하기 위한 광학장비 시스템

수라 볼 수 없을 것이다. 즉, L_d로부터 얻어지는 K_d는 특정 방향(θ, ρ) 중의 한 값이므로 대표성이 없다고 볼 수 있다. 그러나 K_u의 경우, $L_u(\theta, \rho)$는 깊은 수심에서부터 광이 완벽하게 산란되어 올라오게 되므로 방향성이 거의 없이 일정하다고 보아도 된다. 따라서 K_d보다는 방향성에 둔감하므로 L_u로부터 K_u를 구하여 사용하여도 문제는 없을 것이다.

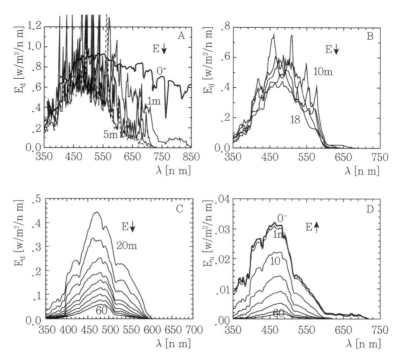

그림 4.28 해수중의 $E_d(z)$를 측정한 사례(지중해). A: 표면(1~5m)에서 파장에 따른 심한 노이즈 (noise)를 발생한다. B: 수심 10m까지 미치는 표면 렌즈효과(Lens effect), C: 20m 이하에서 안정되는 E_d, D: E_u는 수심에 관계없이 항상 안정된 신호를 얻는다(Ahn, 1990)

4.5.9 K와 a의 관계

하늘에 구름도 없고, 대기 산란도 없고(black sky) 오직 태양만 있는 경우와 그리고 해수중의 산란이 거의 없는 아주 맑은 한 해수$(b \approx 0, a \approx c)$를 가정해보자. 해수에 투입되는 광에너지$(\Phi)$는 평행광선으로 굴절각 θ로 입사한다(다음 그림 참조). 즉, 수심 z에서 광이 통과한 거리 dr은 z보다는 길다. 이 광로 dr에 의하여 수심 z에서 광에너지의 감쇄계수가 K가 된다.

만약 θ가 0이면 $K \simeq a$라는 결과가 된다(산란이 거의 없다면). 아래 식에서처럼 해수의 수직 감쇄계수를 K_d로 정의할 수 있을 것이다.

$$\Phi = \Phi_0 e^{-K_d dz} \tag{4.62}$$

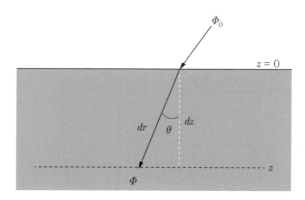

위 그림에서 광 경로 dr는;

$$dr = \frac{dz}{\cos\theta}$$

수심 z에서 IOP인 a를 서술해보면;

$$\Phi = \Phi_0 e^{-a \cdot dr}$$
$$= \Phi_0 e^{-a \cdot \frac{dz}{\cos\theta}} = \Phi_0 e^{-\frac{a}{\cos\theta} \cdot dz}$$

$$즉, \quad K_d = \frac{a}{\cos\theta} \tag{4.63}$$

라는 관계를 얻을 수 있다. 이 식의 조건은 해수중 산란 현상이 없는 경우임을 유의해야 할 것이다.

이제는 해수중 산란이 있는 $(b \neq 0)$ 경우, 그리고 태양이 천정에 있다면$(dr = dz)$ 하향으로 내려오지 못하는 광자는 흡광(a)된 것과 되돌아간 역산란(b_b) 광자일 것이므로; $K_{d\ total} \simeq A.a + B.b$라고 가정하여도 크게 차이가 나지 않을 것이다. A & B는 하늘과 물의 산란 상태에 따라 좌우되는 상수가 될 것이다.

4.5.10 평균 코사인(Average Cosine, $\overline{\mu_d}$)

$\overline{\mu_d}$는 수중에서 광의 방향(분포) 특성을 나타내는 인자이다. 일반 해수 경우처럼 수중 산란과 하늘에 구름과 대기 산란광이 많이 분포한 경우는; 모든 방향으로 입사하는 광휘도 $L(\theta, \rho)$들의 각기 광행로의 평균에 의하여 K_d의 값이 결정될 것이다. 이때 평균 광행로를 결정하는 입사 각(θ)이 다양하게 있으므로 모든 입사각의 평균치에 대한 표현으로 $\overline{\cos\theta}$ (average cosine = $\overline{\mu_d}$)로 정의한다.

$$K_d = \frac{a}{\overline{\mu_d}} \tag{4.64}$$

$\overline{\mu_d}$에 대한 정의는 "하나의 주어진 공간에서 하향 산란된 총 광에너지(scalar E_d; E_d^o)에 대한 수평 방향(θ)으로 놓인 센서가 받는 E_d의 비 값"이라 할 수 있다. 수식적 표현은;

$$\overline{\mu_d} = \frac{E_d}{E_d^o} = \frac{\displaystyle\int_{2\pi} L(\theta, \rho)\cos\theta\, d\omega}{\displaystyle\int_{2\pi} L(\theta, \rho)\, d\omega} \qquad \Rightarrow \tag{4.65}$$

$$\overline{\mu_u} = \frac{E_u}{E_u^o} \ (\overline{\mu_d}\text{와 유사한 개념})$$

로 표현할 수 있다. 위 식 (4.65)에서는 관측하는 센서의 모양을 그림으로 나타내었다. 좀 더 쉽게 설명하면 하늘에 있는 광원의 에너지 분포 방향성을 나타내는 특성이라 볼 수 있다. 만약 하늘의 천정에 태양만 빛나는 대기 산란도 없는 경우를 가정해보자. 이 경우 광에너지가 한곳에 집중되어 있으므로 E_d 센서가 수평으로 놓여 있다면 그 크기는 E_d^o와 거의 같은 값을 가지게 되고 $\overline{\mu_d}$의 값은 거의 1에 접근하게 된다. 지구의 맑은 하늘의 경우 분자산란에 의한 푸른 하늘도 있으므로 그 크기는 0.86 정도에 이른다. 이제는 구름도 있고 점차 태양도 구름에 가려졌다면 $\overline{\mu_d}$의 값은 점차 작아지게 된다. 일반적으로 하늘에 구름이 많이 있는 경우 이 값은 0.76 정도 된다(Aas, 1987). 다시 말하여 산란하는 매질 내에서 산란된 광이 증가할수록 이 값은 작아지는 특성을 갖고 있다. 만약 구름 내부에서처럼 어떤 방향을 보아도 광세기가 균질하다면 그 최솟값은 0.5가 된다. $\overline{\mu_d}$와 유사한 방법으로 $\overline{\mu_u}$를 정의할 수 있을 것이다. 여기서 한 가지 유의해야 할 점은 위에서 언급한 $\overline{\mu_d}$는 표층수에서 언급할 때이고 이 값은 오르지 대기의 산란광으로 인한 해수의 평균 코사인이다. 만약 수심 깊은 곳에서 K를 언급한다면 이 경우에는 하늘과 해수의 산란광으로 인한 복합성분에 의한 $\overline{\mu_d}$가 되어야 한다.

4.5.11 수심에 따른 K

IOP가 수심에 따라 균질인 한 해수를 고려해보자. 그러나 앞에서 보았듯이 K는 표면 가까이에서 일정하지 않고 변한다(그림 4.26). 그러나 수심이 깊어짐에 따라 광학두께(τ=cz)가 증가하고 수중의 광 분포가 물 밖의 태양의 고도에 독립이 되는 상태가 된다. 이런 수심에서 K는 더 이상 변하지 않고 일정한 값을 갖는 수심이 존재한다(그림 4.32 참조). 이를 **점근(漸近) 수심**(Asymptotic depth)이라 한다(Priesendorfer, 1976).

4.5.12 수중 광에너지의 정산(Radiative Budget)

수중의 한 수심에서 상/하향으로 관측되는 복사광에너지를 E_d & E_u 라고 하자. 그러면 이 수심에서 어느 한 방향으로 정산된 에너지 흐름(net flux $\vec{E}$; 2 vectors 간의 차)은 (E_d - E_u)가 될 것이고 그 크기는 다음과 같이 표현될 것이다.

$$\vec{E} = |E_d - E_u|\vec{u} \quad (\vec{u}는 단위 \text{ vector}) \tag{4.66}$$

이 식은 상하 방향의 에너지 흐름의 차이를 의미하는 것이지 둘 광세기가 서로 소멸되어 한쪽 방향으로만 에너지가 남는다는 의미는 아니다.

이 수심에서 아주 얇은 단위 체적에 흡수되는 광에너지의 크기를 정산하기 위하여 입출력되는 에너지를 표시하면;

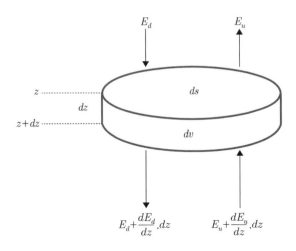

위 그림에서;

단위 볼륨 dv에 들어가는 에너지; $E_d + E_u + dE_u$

나오는 에너지는; $E_d + E_u + dE_d$

dv에 남는 에너지는; $dE_u - dE_d$

단위 면적당 흡수된 flux;　$d\Phi = ds\,(dE_u - dE_d)$

단위 체적당 흡수된 flux;　$d\Phi/dv\ (dv = ds \cdot dz)$

$$\Rightarrow \frac{d\Phi}{ds \cdot dz} = -\frac{1}{dz}(dE_d - dE_u)$$

$$\frac{d\Phi}{dv} = -\frac{d}{dz}(E_d - E_u) = -\frac{d}{dz}\vec{E}$$

$$\boxed{\begin{aligned} \frac{d\Phi}{dv} &= -\frac{d\vec{E}}{dz} \\ \frac{d\Phi}{dv} &= -\vec{K_v} \cdot \vec{E} \end{aligned}}$$

$$(4.67)$$

여기서 $\vec{K_v}$는 상·하향 K의 차이를 나타내는 백터 값으로 $\vec{K_v} = |K_d - K_u| \cdot \vec{u}$ 로 정의된다.

위에서 흡광에너지 크기는 AOP인 K 계수로 표현한 것이고, IOP인 흡광 계수가 a인 매질에서 흡수되는 에너지는 어떻게 계산될까?

식 (4.67)과 유사한 개념으로 다음과 같은 식을 얻을 수 있다.

$$\boxed{\begin{aligned} \frac{d\Phi}{dv} &= -aE^o \\ \frac{d\vec{E}}{dz} &= -aE^o \end{aligned}}$$

$$(4.68)$$

식 (4.67)과 (4.68)에서 $K_v\vec{E} = aE^o$

$$K_v = a\frac{E^o}{\vec{E}}\ (\frac{\vec{E}}{E^o} = \bar{\mu})$$

$$(4.69)$$

$$K_v = \frac{a}{\mu}$$

$$(4.70)$$

식 (4.70)의 결론은 이미 이전 식 (4.64)에서도 얻었다. 이 식의 의미는 만약 $\overline{\mu}$가 1이 되면 $a = K$가 될 수 있다는 뜻이다. 그러한 경우는 태양의 위치가 천정에 있고 해수 내부에서 흡광만 있고 광산란이 없는 경우일 것이다. 따라서 $E_u \simeq 0$가 된다. 일반적으로 해양의 하늘과 해수의 $\overline{\mu} < 1$이므로 $K > a$라는 결론을 얻을 수 있다.

4.5.13 K_d와 K_u의 관계

식 (4.71)로부터 우리는 다음과 같이 식을 분리하여 표현할 수 있을 것이다.

$$\frac{dE_d}{dz} = -K_d E_d$$
$$\frac{dE_u}{dz} = -K_u E_u$$

해수의 반사도 정의로부터 $R = \dfrac{E_u}{E_d}$

$$\frac{dR}{dz} = \frac{d}{dz}\left(\frac{E_u}{E_d}\right) = \frac{d}{dz}(E_u E_d^{-1}) \text{(미분의 정의에 따라)}$$

$$= \frac{dE_u E_d}{dz E_d^2} - \frac{dE_d E_u}{dz E_d^2} \text{(양변에 } \frac{E_d}{E_u} \text{를 곱하면)}$$

$$\frac{E_d}{E_u} \cdot \frac{dR}{dz} = \frac{1}{E_u}\frac{dE_u}{dz} - \frac{1}{E_d}\frac{dE_d}{dz}$$

$$\frac{1}{R} \cdot \frac{dR}{dz} = -K_u + K_d$$

$$\boxed{K_d - K_u = \frac{1}{R}\frac{dR}{dz}}$$ (4.71)

라는 식을 얻는다. 수심에 따른 해수반사도의 변화는 표층수가 아니면 실제적으로 거의 없다고 보면 된다. 심한 경우 수 % 이내이다. 즉, $dR/dz \simeq 0$가 되는 깊은 수심이면 $K_d \simeq K_u$라고 볼 수 있다.

4.5.14 광 분포특성($\overline{\mu}$)을 고려한 a 유도

앞에서 얻어진 a와 K의 관계식 (4.70)은 아주 단순한 표현이다. 실제 AOP 변수로부터 흡광계수(a)를 유도하려면 좀 더 다양한 광학적 변수값이 요구된다.

$$-\frac{d}{dz}(E_d - E_u) = K_v \vec{E} = K_d E_d - K_u E_u$$

윗 식에; $K_u = K_d - (1/R)\cdot(dR/dz)$, $E_u = R\,E_d$를 대입하면;

$$= K_d E_d - (K_d - \frac{1}{R}\cdot\frac{dR}{dz})R E_d$$

$$= K_d E_d (1 - R + \frac{1}{K_d}\cdot\frac{dR}{dz})$$

$$a E^o = K_d E_d (1 - R + \simeq 0)$$

$$a = \frac{K_d E_d}{E^o}(1 - R) = K_d \overline{\mu_d}(1 - R)$$

좀 더 식을 변형해보면;

$$\frac{E^o}{E_d} = \frac{E_d^o + E_u^o}{E_d} = \frac{1}{\overline{\mu_d}} + \frac{1}{\overline{\mu_u}}R$$

$$(\frac{E^o}{E_d} = \frac{E_u^o}{E_u}\cdot\frac{E_u}{E_d} = \frac{E_u^o}{E_u}\cdot R)$$

그러므로

$$
\begin{aligned}
a &= \frac{1}{\dfrac{1}{\overline{\mu_d}} + \dfrac{R}{\overline{\mu_u}}} K_d(1-R) \\[2mm]
&= K_d \frac{(1-R)\overline{\mu_u}\,\overline{\mu_d}}{\overline{\mu_u} + R\overline{\mu_d}}
\end{aligned}
\tag{4.72}
$$

식을 얻는다.

K_d와 R은 현장에서 측정이 가능하고, 광 분포특성인 $1/\overline{\mu}$의 값은 일반적으로 잘 알려진 값이다. 해수에서 올라오는 광의 분포 특성값 $1/\overline{\mu_u}$의 값은 거의 일정($2.3 \langle 1/\overline{\mu_u} \langle 2.7$) 하다고 알려져 있으며, 실제는 해수중 총 산란계수(b), 각 산란계수($\beta(\theta)$)와 파장에 따라 변하게 된다. 아래 식은 Morel(1988)에 의하여 연구된 $1/\overline{\mu_d}$를 얻기 위한 경험식이다.

$$
\frac{1}{\overline{\mu_d}} = \frac{E_d^{sun}}{\cos\zeta} + \frac{E_d^{sky}}{\overline{\cos\theta}}
\tag{4.73}
$$

위 식에서 E_d^{sun}(~60%)은 태양이 천정에 있다고 가정하고 전체 E_d에서 태양 직광에 의한 에너지 비율이고, E_d^{sky}(~40%)는 나머지 하늘의 산란광에 의한 간접 광에너지 비율이며, $\overline{\cos\theta}$는 이러한 태양고도와 직/간접 광에너지 비율에서 얻어지는 하늘의 평균 코사인(cosine)값으로 파장의 함수이다. 이제 태양이 천정에 있지 않고 각 ζ만큼 멀어져 있는 경우의 $1/\overline{\mu_d}$을 나타내는 경험식이다.

4.6 광에너지 정의 및 표현

자연환경에서 광에너지의 크기를 측정하는 경우에는 두 가지 관점이 있다. 즉, 한 점 혹은 면 발광체에서 방사되는 빛이 단위 면적에 조사되는 에너지의 크기(세기)를 의미하는 경우와, 둘째는 아주 넓은 광원에서 나온 광에너지가 주어진 점(point, 해수면)에 입사되는 광에너지의 크기를 말하는 경우이다. 개념은 동일하다. 그러나 이렇게 분리하면 광학적 상황을 이해하기가 쉽기 때문이다. 실제 현장의 해양광학은 위의 두 가지 개념 모두를 포함하고 있다.

환경광학과 실험실광학의 다른 차이점은, 실험실에서는 주로 단일 파장(mono-chromatic) 그리고 광원은 평행광선(beam light)의 광을 다룬다. 반면 실제 환경에서는 복합파장광선(polychromatic) 그리고 광원은 다중산란(multiple scattering)으로 분산된 광이고 광원이 공간(대기나 수중)에서 복잡한 광학적 환경이 만들어진다. 예를 들면 해수면으로 입사되는 광은 태양의 직사 점(point) 광원과 대기에서 산란되어 흩어진 푸른색의 하늘(sky)에 의한 면(area) 광이 동시에 들어가게 된다. 이런 것이 실제 자연환경에서 얻어진 광신호의 분석을 어렵게 하는 요인이 된다.

빛 에너지이든 일 에너지이든 기본 단위는 J(Joule)이다. 한 광원에서 일정 거리에 있는 임의 한 면이 빛을 받는 경우, 단위시간(sec)당 받는 광에너지 (J/sec)를 Watt(power)라고 부르고, 복사속/방사속[6](Radiant flux)이라고 한다. 이 복사속이 단위면적(m^2)당 받는 에너지를 복사조도(W/m^2, 혹은 복사속 밀도, radiant flux density)라고 한다. 만약 분광된 광이라면 분광복사조도($W/m^2/nm$, Spectral radiant flux)라고 한다. 이런 광학적 용어는 현재 각 분야(물리, 천문, 전기전자 등)에서 사용하는 번역 어휘가 많이 다르고 통일되지 못하고 있는 실정이므로 여기서는 일반적인 표현을 따랐다. 그리고 우리말로 표현

---

6 복사와 방사의 물리적 의미는 같은 개념이다. 다만 복사는 관측자 위주이고 방사는 광원의 관점에 맞추어져 있다. 독자는 자기가 생각하는 상황에 맞게 이해하면 될 것이다.

하여 오해의 소지가 있거나 이상하게 이해될 수 있는 경우가 많이 있으므로 독자는 영문 표현 그대로 사용하길 바란다.

이것을 표로 정리해보면 다음과 같다. 보다 자세한 내용은 상세하게 검토될 것이다.

표 4.1 환경광학에서 취급되는 주요 광학 인자들

	Parameters	Physical Unit	Description
IOP	Light Efficiency factor(Q)	unit-less	입자의 광 효율인자
	Absorption coefficient(a)	m^{-1}	매질의 (빔)흡광계수
	Scattering coefficient(b)	m^{-1}	매질의 (빔)산란계수
	Attenuation coefficient(c)	m^{-1}	매질의 (빔)감쇄계수
	Volume scattering function ($\beta(\theta)$)	m^{-1}/sr	체적 각 산란계수
AOP	Radiant energy(Work)	Joule	복사 에너지(일)
	Radiant Flux(W)	Watt (W=J/sec)	단위시간당 복사/방사 에너지(일률) 혹은 복사속 Φ (* lumen 단위도 사용하나, MKS단위가 아님)
	Radiant flux density(M)	W/m^2	복사속/방사속 밀도M
		W/m^2/nm	Spectral Radiant density 분광 복사속밀도(조도)E
	Radiant intensity(I)	W/sr	복사속의 세기, $I = \dfrac{d\Phi}{d\omega}$ (candela라는 단위도 사용, 1lu/sr = 1cd)
	Radiance(L)	W/m^2/sr	복사/방사 휘도 혹은 복사광량 $L = \dfrac{dI}{dS} = \dfrac{dE}{d\omega}$
			하향복사휘도(Down welling radiance) L_d 상향복사휘도(Down welling radiance) L_u 수출광휘도(Water leaving radiance) L_w

Parameters	Physical Unit	Description
Irradiance(E)	W/m^2	(분산) 복사조도, $\quad E = \dfrac{d\Phi}{dS}$
		하향조도(Down welling irradiance) E_d 상향조도(Down welling irradiance) E_u
	W/m^2/nm	분광복사조도(Spectral Irradiance)
Reflectance(R)	unit-less	Irradiance Reflectance (분산)광 반사도 ($R = E_u/E_d$)
	sr^{-1}	Remote sensing Reflectance 원격반사도 ($R_{rs} = L_w/E_d$)
Diffusing Attenuation coefficient(K)	m^{-1}	현장 해양 하향 산란광 감쇄계수(k) $K_d = \log[E_d(Z_2) - E_d(Z_1)/(Z_2 - Z_1)]$
Euphotic depth(Z)	m	광달층 (표면광 E의 1%가 도달하는 수심) Z_e

* M과 E의 단위가 같으나 의미는 조금 다르다.
  M은 한 점 광원에서 방사된 에너지가 임의거리 떨어진 곳에서 단위면적당 통과하는 복사에너지
라고 볼 수 있다. E는 하늘처럼 면 광원이 있는 경우 단위면적에 모든 방향에서 들어온 총 복사에
너지를 말한다. 공통의 개념은 에너지 흐름의 밀도라는 개념에 주안점이 주어진 것이다.

4.7 복사선의 전달이론(Radiative Transfer Equation; RTE)

해수면에 입사된 태양광의 최종 운명은 어떤 광학적 메커니즘으로 결정될까? 이것을
수식적으로 표현하여 그 답을 얻는 것이 가능할까? 해양 광학자들은 이 문제에 대한 해
를 얻기 위하여 많은 연구를 수행하였다. 그 결과는 수식적인 식으로 표현은 가능하나
그 해를 수식을 통하여 얻기는 불가능하다는 결과를 얻는다. 그 이유는 해수에 들어간
광자들이 겪는 물리적 이벤트는 어떤 정해진 기작으로 이루어지지 않고 모두 해수중 입
자들과의 광자들 사이에 불규칙한 산란/흡광으로 광자의 운명이 결정되기 때문이다. 따
라서 이 문제의 해결은 통계나 확률론적인 접근만 가능하다는 것이다.

다음은 복사선 전달식(RTE)의 수식적인 표현을 구하는 과정을 보여준다. 우선 다음

과 같은 가정이 필요하다. 해수의 수심은 무한히 깊고, 수평-수직으로 균질하며 매질은 광자에 대하여 흡광(a)과 산란(b)만 있고 그 합인 소멸계수는 c, 각 산란계수를 $\beta(\theta)$라 고 하자. 그리고 해수중에 수심 z에 미소 실린더형 단위체적(dv)을 생각하고 이 dv에 기준 각 (θ, ρ) 방향으로 직접 입사하는 광휘도(radiance)를 $L(z, \theta, \rho)$, 길이 dr를 통과 하여 나오는 광을 $L_{out}(z+dz, \theta, \rho)$하면, 이 dv에는 간접적으로 외부에서 산란하여 들 어와서 L_{out}에 기여하는 성분을 $L(z, \theta', \rho')$라고 하자. 여기서 각 (θ', ρ')는 산란으로 들 어오는 광의 모든 각을 의미한다(그림 4.29 참조).

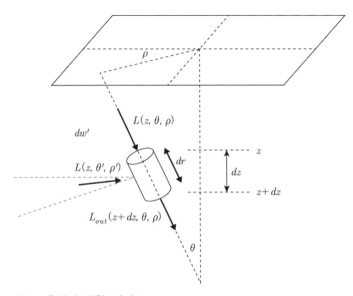

그림 4.29 RTE를 도출하기 위한 개념도

그러면 단위볼륨에서 최종 나오는 광은 초기 값이 실린더를 통과하다 감소된 부분과 실린더 주변(거리 dr)에서 광 행로(path) 동안 주변으로부터 산란으로 더해진 것이 될 것이다. 단위체적 $dv(=dr.ds)$를 통과하는 동안 실린더 내부에서는 흡광과 산란이 동 시에 발생하고 외부에는 산란으로 유입하는 광이 존재하게 된다. 변화값을 미분형으로 표시하면;

$$\frac{dL(z,\theta,\rho)}{dr}.dr = -c.L(z,\theta,\rho)dr \quad + \quad L_{scatt}(z,\theta',\rho')dr \qquad (4.74)$$

$$(1)실린더내부흡광/산란(-) \quad (2)외부산란(+)$$

(1)항은 초기 입사광(L)에 의한 것이고 (2)항은 외부산란으로 유입되는 광이다. 당연히 모든 방향으로 들어오는 것이므로 총 에너지는 4π 공간에 대한 적분이 필요하다. 그러나 여기서 산란항(2)이 각 (z,θ',ρ')에서 각 (z,θ,ρ) 방향으로 미치는 L의 크기는 알 수 없다.

(2)번 산란항이 실린더 내부에서 만드는 에너지(Irradiance)의 크기를 dE라고 하면;

$$dE = L(z,\theta',\rho')d\omega'$$

각 (θ,ρ)으로의 광세기(I)는 전적으로 매질의 각 산란계수($\beta(\theta)$)에 전적으로 좌우될 것이다. 앞에서 이미 설명하였듯이,

$$dI(\theta,\rho) = \beta(\theta).\Phi.dr$$

$$= \beta(\theta).\frac{d\Phi}{ds}.dr.ds = \beta(\theta).dE.dv$$

$$dI(\theta,\rho) = \beta(\theta,\rho)\,L(\theta',\rho')\,d\omega'$$

위 식을 다시 각 (θ,ρ) 방향의 L로 전환하기 위하여 L_{scatt}의 미분형을 취하면;

$$dL_{scatt}(z,\theta,\rho) = \frac{dI(\theta,\rho)}{ds} = \frac{\beta(\theta)\,L(z,\theta',\rho')\,d\omega'.dr.ds}{ds}$$

위 식에서 모든 방향의 산란광 성분의 총합은 $L(\theta',\rho')$을 전 공간(4π)에 대하여 적분을 취하면 얻어진다;

$$L_{scatt}(z,\theta,\rho) = \iint_{4\pi} \beta(\theta)\,L(z,\theta',\rho')\,\sin\theta'\,d\theta'\,d\rho'.dr \qquad (4.75)$$

여기서 $d\omega' = 2\pi \sin\theta' \, d\theta'$

최종적으로 다음 식을 얻는다.

$$\frac{dL(z, \theta, \rho)}{dr} = -c.L + \iint_{4\pi} L(z, \theta', \rho') \, d\omega'$$

$$= -c.L(z, \theta, \rho) + \iint_{4\pi} \beta(\theta) \, L(z, \theta', \rho') \sin\theta' \, d\theta' \, d\rho' \qquad (4.76)$$

상기 식을 우리는 **복사선 전달식(RTE)**이라고 부른다.

결국 수중의 L(radiance)의 분포와 크기는 IOP인 감쇄계수 c, 각 산란계수 $\beta(\theta)$에 좌우된다는 결론을 얻는다.

위 식을 조금 다르게 표현하기 위하여 $\beta(\theta)$를 산란계수 b로 규격화한 것(nVSF)을 도입하면;

$$\overline{\beta}(\theta) = \frac{\beta(\theta)}{b}$$

그리고

$$b = 2\pi \int_0^\pi \beta(\theta) \sin\theta \, d\theta$$

$$= \iint_0^{4\pi} \beta(\theta). \, d\omega$$

위 식을 RTE에 대입하면

$$\frac{dL}{dr} = c.L + \iint_{4\pi} \beta(\theta'). \, L(z, \theta', \rho') \sin\theta' \, d\theta' \, d\rho'$$

$$= -c.L + b \iint_{4\pi} \overline{\beta}(z, \theta', \rho') \, L(z, \theta', \rho') \, d\omega'$$

여기서 $dz/dr = \cos\theta$ $(1/dr = \cos\theta/dz)$를 대입하고 양변을 c로 나누어주면 아래 식을 얻는다.

$$\frac{\cos\theta}{c} \cdot \frac{dL}{dz} = -L(z, \theta, \rho) + \frac{b}{c} \iint_{4\pi} \overline{\beta}(z, \theta', \rho') L(z, \theta', \rho') d\omega' \quad (4.77)$$

상기 복사선 전달식(RTE)은 실용성이 없는 선언적 해석만 가능하다. 즉, 수심에 따른 빛의 분포는 $\overline{\beta}(\theta)$와 산란 확률($\overline{\omega} = b/c$)에 좌우됨을 의미한다. 자연 해수에서는 $\overline{\beta}(\theta)$가 수직/수평적으로 그리고 파장에 따라 너무나 다양하게 변하고 있기 때문에 수학적인 해를 얻기란 불가능하다고 볼 수 있다. 경우에 따라서는 $\overline{\beta}(\theta)$를 다차항(polynomial) 식으로 표현 가능하다면 계산이 가능할 것이다.

4.8 복사전달 이론과 해양 반사도

4.8.1 해양 반사도 이론

해수의 반사도(R^{0+})는 해수에 투입된 광자들이 해수라는 매질 내에서 복사선 전달의 물리적 메커니즘에 따라 해수면에서 나타나는 최종 산물이라 볼 수 있다. 위의 RTE 이론은 현실적으로 원격탐사 기술개발에 적용이 어렵다는 것이 사실이다. 많은 광학자들은 해수면에서 얻어지는 반사도(R)가 IOP & AOP와 어떤 관계가 있는지 알고자 한다. 이를 위하여 많은 광학적 모델이 개발되고 있으나 아직 흡족할 만한 결과는 얻지 못하였다고 볼 수 있다.

이 반사도 모델이 미래의 해색원격탐사 기술의 가장 핵심 이론으로 사용되기 때문이다. 가장 돋보이는 연구 사례를 보면;

Prieur(1976)는 해양에서 $\overline{\beta}(\theta)$를 여러 수심별 미세 층으로 나누고 "순차적 산란 (successive order of scattering)"기법을 활용하여 해수면에서 반사도(reflectance)를 얻었

다. Morel & Gentili(1991)은 몬테카를로(Monte-Carlo)[7] 기법을 사용하여 다음과 같은 결과를 얻는다.

$$R(\lambda) = f \ \frac{b_b(\lambda)}{a(\lambda)} \quad [0.25 \ C < 0.55] \tag{4.78}$$

여기서 b_b는 역산란계수이다. f는 하늘의 광 분포특성을 의미하는 평균 코사인($\overline{\mu}$)에 따른 함수이다.

$$f = \frac{s \, \overline{\mu}_u}{(\overline{\mu}_d + \overline{\mu}_u)}$$

위에서 s는 광의 해수 입사각에 따른 $\beta(\theta)$의 상태변화를 나타내는 형상계수(shape factor)이다. 그 외에도 Kirk(1984, 1991) & Aas(1984) 등이 다양한 접근 방법을 사용하여 이전 연구와 유사한 결과를 얻음으로써 위 식은 현재 해색원격탐사 기술개발의 광학모델로 활용되는 표준식으로 인정되고 있다.

다음 표는 해수의 반사도를 연구하여 얻은 결과를 간략히 정리해보았다.

표 4.2 다양한 해수반사도 모델과 사용된 기술

년도	연구자	반사도(R) 모델	모델의 기술
1975	Gordon 외	$R = \sum_n r_n \left[\dfrac{b_b}{a + b_b} \right]^n$ *r_n은 수심에 따라 변하는 값	Monte-Carlo simulation
1976	Prieur	$R = 0.33(1 + \triangle) \dfrac{b_b}{a} \quad (\triangle < 0.05)$	Successive order of scattering
1984	Kirk	$R = (0.975 - 0.629 \mu_o) \dfrac{b_b}{a}$	Monte-Carlo simulation

---

7   수치 시뮬레이션 방법의 일종으로, 사전 얻어진 통계적 확률변수에 의거한 방법이기 때문에 도박(확률게임)의 도시 Monte-Carlo의 이름을 본떠 명명하였다.

년도	연구자	반사도(R) 모델	모델의 기술
1991	Kirk	$R = C(\mu_o)\dfrac{b_b}{a}$ $(\,C = 0.331 \text{ for } \mu_0 = 1\,)$	Monte-Carlo simulation
1987	Aas	$R = \dfrac{1}{1+2\mu_0}\dfrac{b_b}{a+b_b}$ $\approx 0.33\dfrac{b_b}{a+6.59b_b}$ $(b_b = 0.022b)$	2-Stream approximation
1991	Morel & Gentili	$R(\lambda) = C\,\dfrac{b_b(\lambda)}{a(\lambda)}$ $[\,0.25 < C < 0.55\,]$	Monte-Carlo simulation

*자세한 내용은 제7장 참조

4.8.2 양방향성 반사도 분포함수(BRDF)

해수는 실제 완전반사체(Lambertian reflector)가 아니므로 태양의 고도나 관측 방향에 따라 해수의 반사도는 크게 차이가 난다. 이를 "양방향성 반사도분포(Bidirectional Reflectance Distribution Function; BRDF)"[8]라고 한다. 그래서 일반 현장에서 관측값이나 위성으로 관측한 값은 특정 방향에서 얻어진 값이므로 실제 해양원격탐사 기술개발과정에서는 특정 방향의 반사도를 태양과 관측자의 위치를 천정, 즉 바로 위에서 보았을 때의 반사도로 전환하여 사용하며 이를 규격화한 원격반사도(Normalized water reflectance, nR_{rs})라고 부른다.

그림 4.30은 NASA에서 항공기를 이용하여 $0.87\mu m$ 파장에서 해수면을 관찰한 BRDF 분포를 보여주고 있다.

좌우 모두 태양에 의한 직 반사(glint)[9]의 영향을 크게 보여주고 있다. 태양의 반대쪽과 좌우쪽은 해수면은 반사도가 정상으로 관측된다. 이 결과를 보면 현장 선박에서 반사도

---

8 BRDF의 양(Bi-)방향이란 입사광와 반사광의 방향을 의미하며, 해양에서 반사광의 세기는 태양의 위치 측 정방향의 각에 따라 다르기 때문에 "이(異)향성반사"의 특성을 갖고 있다.

9 해수면이 바람에 의하여 발생하는 파도로 인하여 햇빛의 직접 반사로 반짝이며 보이는 현상을 말한다. 파도가 깨지면서 발생하는 거품으로 빛이 반사되어 나타나는 것을 "백파(white cap)"라 한다.

관측을 할 때 글린트(glint)의 영향을 제거하려면 태양을 등지거나 아니면 최소한 직각을 이루는 위치에서 관측해야 함을 알 수 있다.

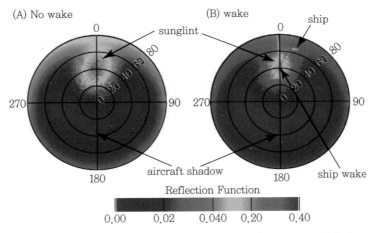

그림 4.30 태평양의 한 해수면, 고도 300m 항공기에서 방향각 0~360도 천정각 0~80도, IFOV 17.5mrad(약 1도) 값으로 측정된 R_{rs} 분포도. 왼쪽 그림(A)은 정상 상태, 오른쪽 그림(B)은 선박 스크류에 의하여 표면에 기포가 발생한 흔적을 보여준다(C. K. Gatebe et al., 2011)

4.8.3 해양에 흡수된 광에너지의 크기

위 식 (4.78)에서 양변에 c와 $d\omega$를 곱하고 모든 방향(θ, ρ)에 대하여 적분을 취하면 다음과 같은 식을 얻는다.

$$\frac{d}{dz}\iint_{4\pi} L(z,\theta,\rho)\cos\theta\,d\omega = -c\iint_{4\pi} L(z,\theta,\rho)\,d\omega$$

$$+ \ b\iint_{4\pi}\left[\iint_{4\pi}\overline{\beta}(z,\theta',\rho')\,L(z,\theta',\rho')d\omega\right]d\omega'$$

좌측 항은 $\dfrac{d}{dz}\vec{E}$가 되고

우측 항은 $-cE^o$와

$$b \iint_{4\pi} \underbrace{L(z, \theta', \rho') \, d\omega'}_{E^o} \underbrace{\iint_{4\pi} \overline{\beta}(\theta) \, d\omega}_{1}$$

로 요약되고 따라서,

$$\frac{d\vec{E}}{dz} = -cE^o + bE^o = -aE^o \qquad (4.79)$$

식을 얻는다. 이 결과는 앞에서 얻은 식 (4.69)와 정확히 일치하며 잘 증명하고 있다. 식이 의미하는 것은 단위 수심당 흡광에너지 밀도(Density of light absorption energy)를 의미한다.

4.8.4 수중 광 분포특성

지금까지는 외부의 광 분포특성에 따른 수중 광에너지의 소멸/산란 계수 및 그 크기에 대하여 알아보았다. 이제는 여러분이 다이버가 되어 수중에서의 광학적 에너지의 분포특성을 상상해보자. 해수는 적당량의 흡광(a)과 산란(b)이 있다고 가정하자. 수표면 가까이서 물 위를 보았을 때 광 분포는 어떻게 보일까? 표면의 물결의 모습도 보이고 당연히 태양 쪽으로 보았을 때 가장 강한 광 신호가 측정될 것이다. 만약 수심이 점차 깊어진다면 어떻게 될까? 좀 더 어두워졌고 물 밖의 강력한 태양의 모습도 점차 무디어져 갈 것이다(그림 4.31 참조).

더 깊어진다면 더욱 어두워지고 이제는 어느 쪽을 보아도 태양의 위치를 찾기 어려울지도 모른다. 이런 상태가 얼마나 어느 정도 빨리 도달하느냐? 전적으로 $b/c(=\omega_0)$의 크기에 의하여 좌우된다고 볼 수 있다. 만약 산란이 흡광보다 많이 크다면 모든 방향의 광 신호의 크기가 같아질 수 있다. 이때의 현상을 "**빛의 유사 등방성**(Isotropic Similarity of light)" 상태라고 한다. 어느 쪽을 보아도 빛의 세기가 비슷하다는 뜻이다.

이러한 상태에 빨리 도달하려면 수중의 흡광/산란 작용은 어떤 영향을 미칠까? 당연히 산란이 클수록 빨리 도달할 것이다. 흡광작용은 이것을 더디게 한다. 여러분이 선글라스를 착용하고 물체를 보면 어떻게 보이나? 선글라스는 눈에 들어오는 빛의 에너지를 흡광하여 줄여준다. 그러나 물체의 선명도는 오히려 증가하는 것처럼 느껴진다. 바로 이러한 이유로 흡광작용은 등방성을 저해하는 요소라고 볼 수 있다. 좀 더 구체적으로 머릿속 상상의 실험을 통하여 유추하여 보자.

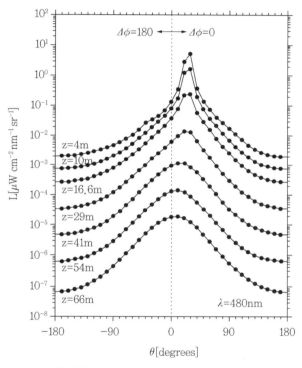

그림 4.31 수중에서 수심 및 천정각에 따른 내려오는 광(480nm radiance)의 세기를 측정한 결과 (Tyler, 1960)

b/c = 1인 경우: 이 경우는 매질은 오직 산란만 있다. 따라서 광에너지의 손실은 없을 것이다. 표면 가까이서는 강한 태양 빛이 확실한 방향성을 가지고 있다고 느껴진다. 깊어질수록 물 위의 태양의 위치가 불분명해진다. 그러나 전체적인 눈부심은 변하지 않는다. 더 깊어져도 뿌옇게만 될 뿐 눈부심은 유지된다. 나중에는 어느 곳을 보아도 밝기가

같다. 즉, 빛의 등방성 상태(Isotropic State)가 된다. 대표적으로 구름/안개 속이 유사한 경우일 것이다. 실제 해양에서는 이런 상태는 존재하기 어려우므로 발견하기는 쉽지 않을 것이다.

b/c = 0인 경우: 이 경우는 순수한 흡광만 있으므로 깊어져도 물속 광의 기하학적인 분포의 변화는 일어나지 않는다. 이 의미는 빛의 등방성(반대는 Anisotropic) 상태는 일어나지 않는다는 뜻이다. 유일하게 태양을 중심으로 하는 뾰족한 광 분포도 그대로 유지된다. $K(z)$ 계수는 수심에 관계없이 일정하다. 다른 의미로는 수중의 광 분포를 나타내는 변수인 $\bar{\mu}(z)$가 수심에 따라 변화되지 않고 일정($\sim$1)하다는 뜻이다.

0 < b/c < 1 인 경우: 산란과 흡광이 동시에 존재하는 경우이다. 따라서 광학적 현상은 상기 2 경우를 혼합한 결과가 될 것이다. 이 경우는 최종적으로 **Isotropic similarity**에는 도달할 수 있어도 완전한 Isotropic 상태는 도달할 수 없다. 즉, 준 등방성 상태가 되는 수심은 b/c=1인 경우보다 더 깊은 수심에서 일어날 것이다. 그러나 아주 어두운 상태에서 일어난다. 당연히 수심에 따라 광의 산란 정도가 달라지므로 $\bar{\mu}$도 점차 감소하면서 더 이상 변하지 않는 상태에 도달한다. 이 의미는 $\bar{\mu} = C^{te}$, $dL/dz = C^{te}$, $K(z) = C^{te}$ 하다는 것이다. $L_d(\theta, \rho)$의 분포는 어떻게 될까? L_d는 오직 천정각 $\theta = 0$에서 최대가 되고 여기서 좌우 대칭적으로 감소하게 된다. 그리고 $L(\rho) = c^{te}$가 된다. 이 수심을 **접근수심**(Asymptotic limit depth) 혹은 이러한 광학적 환경을 **접근상태(Asymptotic State; AS)**라고 부른다. 수중 반사도(R)는 어떻게 될까? 반사도가 AOP인 이유는 광 분포인 $\bar{\mu}$가 변하기 때문이다. 그러나 접근상태에서는 $\bar{\mu}$가 더 이상 변하지 않으므로 $R = C^{te}$ 하다. 따라서 AS에서 얻어지는 AOP(K & R)는 모두 IOP로 고려하여도 된다는 것을 의미한다. 그러나 한 가지 명심해야 할 점은 AS라고 할지라도 수중 광의 세기는 수심(z)과 천정각(θ)에 따라 변한다는 것이다.

상기의 문제는 모두 복사선 전달에 관련된 문제이다. 그러나 복사선 전달의 해는 수식적으로 의미가 있을 뿐 아주 특이한 경우를 제외하고는 그 해를 얻을 수 없다고 하였다. 현재까지 사용되는 기법은 오로지 Monte-Carlo(MC) 모의 수치실험으로만 해수의 다양한 광특성에 따른 해를 얻을 수 있다. 관련하여 Kirk(1994)는 상기 문제에 대하여 다음과 같은 결과를 얻게 된다.

4.8.5 수중에서 $\bar{\mu}$와 R의 변화

수중에서 수심에 따른 광 분포 특성인 $\bar{\mu}$와 R의 변화는 앞에서 이미 언급하였다. Kirk(1994)은 MC 모의수치실험에서 b/a 크기를 0~200까지 변화시킴에 따라 해수중 수심 $Z_{10\%}$(E_d가 표층의 10%로 감소되는 수심)에서 해수의 반사도(R)와 $\overline{\mu_d}$와 $\overline{\mu_u}$의 크기를 계산하여 다음 그림 4.32와 같은 결과를 얻는다. 즉 산란이 "0"이면 R=0이 된다. b가 증가할수록 해수의 반사도는 지속적으로 증가한다. 이론적으로는 R의 값은 점차 증가하나 점차 값이 일정하여짐을 볼 수 있다. 이 값의 변화 양상은 어떤 수심인가에 따라 달라질 것이다. $\overline{\mu_d}$를 보자 산란이 없으면 그 값이 "1"이다. 그러나 점차 증가할수록 그 값은 b/a =200에서도 0.54 정도를 유지한다. 좀 더 진행된다면 보다 0.5에 접근하는 점근상태에 도달할 것이다. $\overline{\mu_u}$를 보자. 출발 값이 이미 0.4 정도부터 시작하여 아주 서서히 증가된다. $\overline{\mu_d}$에 비하여 상대적으로 둔감하다. 그러나 0.5에 접근하는 양상은 비슷하다. 아마 $b/a > 200$이면 $\overline{\mu_d} \simeq \overline{\mu_u}$가 되고 극단적으로는 모든 방향으로 빛의 세기가 같아지는 등방성 상태가 될 것이고 반사도는 자연적으로 R≈1이 된다. 그러나 그런 빛의 등방성 (Isotropic) 상태는 해수 내에서는 찾아보기 어려운 환경일 것이다. 그림 4.32에서 만약 수심을 광달수심 $Z_{1\%}$(Euphotic depth, 표면 광에너지의 1%가 도달하는 수심)로 선정하였다면 보다 빨리 점근상태에 도달하게 될 것이다.

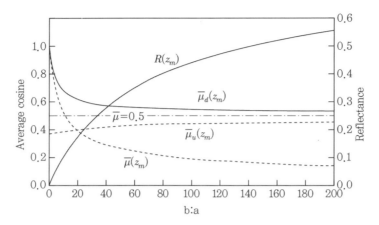

그림 4.32 Monte–Carlo 모의수치실험에 의한 수심 $Z_{10\%}$에서의 해수의 반사도 및 평균코사인($\overline{\mu}$)의 변화값 결과(Kirk, 1994)

위 그림에서 $\overline{\mu} = \overline{\mu_d} - \overline{\mu_u}$ 이다. 결국 $\overline{\mu} \rightarrow 0$에 접근할수록 $R \rightarrow 1$에 가까워짐을 의미한다.

4.8.6 RTE 특별한 경우의 해

수중에서 수심이 충분히 깊어지면 앞에서 언급한 광학적 점근상태라는 특이한 광의 분포특성에 도달하게 된다. 이때 RTE의 해(solution)는 어떻게 될까? 앞에서 언급한 RTE 으로 다시 돌아가 보자.

$$\frac{\cos\theta}{c} \cdot \frac{dL}{dz} = -L(z, \theta, \rho) + \frac{b}{c} \iint_{4\pi} \overline{\beta}(z, \theta', \rho') L(z, \theta', \rho') d\omega' \quad (4.80)$$

$dL/dz = -KL$을 위 식에 대입하고, A.S에서는 각 ρ와 ρ'는 더 이상 관여하지 않으므로;

$$-K.\cos\theta. L(\theta, z) = -c.L(\theta, z) + b \iint (\quad) d\omega'$$

$$L(-K.\cos\theta + c) = b \iint (\quad) d\omega'$$

$$L(\theta, z) = \frac{b/c}{1 - \frac{K}{c}\cos\theta} \iint_{4\pi} L(z, \theta')\,\overline{\beta}(z, \theta')\,d\omega' \qquad (4.81)$$

위 식은 일반적으로 해를 얻을 수 있지는 않다. 그러나 Monte-Carlo 모의 수치실험으로는 그 답을 얻을 수 있을 것이다. 의미하는 바는 아래와 같다.

수중의 L의 분포는 $\beta(\theta)$와 b/c와 K/c의 크기 영향을 받는 것으로 해석이 된다. 다시 말하여 접근상태는 b/c와 K/c의 값에 의하여 결정되며 어느 하나를 고정한다면 반복적인 방법으로 다른 쪽 값을 얻을 수 있게 된다는 의미이다. 그리고 $\beta(\theta)$의 값이 잘 알려진 분자산란만 있다면 해를 쉽게 얻을 수 있다.

4.9 수출광휘도(L_w)의 Monte-Carlo Simulation

오래전부터 광학자들은 산란과 흡광이 있는 매질에 진입한 광자들이 어떠한 결과로 다시 해수를 벗어나올 것인가?를 수학적인 해를 얻기 위한 노력을 해왔다. 이것의 기본 이론을 우리는 복사광의 전달해(RTS; Radiative Transfer Solution)라고 부른다. RTS의 문제의 주 관심사는 대기 혹은 해수중에서 일어나는 것일 것이다. 연구결과에 의하면 RTS 이론의 광학적인 수식은 전개할 수 있으나 그 해는 얻을 수 없다는 결론에 이른다. 다만 확실한 것은 매질의 IOP 특성인 $\beta(\theta)$와 감쇄계수(attenuation coefficient, $c = a + b$)에 좌우된다는 결과를 얻는다(Prieur, 1976; Kirk, 1994). 유일한 해는 해수에 투입된 광자의 확률적인 모의 수치실험을 통하여 얻을 수 있다는 것이다. 주사위 도박 등 모든 전자게임의 도박은 확률로 당첨이 결정된다. 이 RTS의 모의 수치실험 이름을 도박의 도시국가 이름을 따서 Monte-Carlo 모의 수치실험이라 부른다. 광자의 운명을 결정짓는 것은 흡광

(a) 및 산란계수(c)가 될 것이고 $\beta(\theta)$는 광자의 산란각을 결정짓게 된다.

따라서 이런 광자들의 확률개념은 해수에 진입한 광자의 운명을 결정하는 컴퓨터 수치실험을 하는 과정에서 유용하게 사용된다. Monte-Carlo 수치실험에 관하여 간략하게 알아보자.

[Monte-Carlo 수치실험의 소개]

1. 기본 이론

Monte-Carlo(MC) 광학적 모의실험 기법은 통계적인 확률 값에 그 기본을 두고 있다. 따라서 어떤 한 입력 변수의 값은 난수로 결정하되 철저히 이론적 타당성이 있는 한정된 범위 내에서 만들어진다. 과학적인 예측은 물론 인문 사회/경제까지 적용이 가능하고 다양한 분야에서 그 모델의 정확성 및 활용성이 잘 인정되고 있다. MC 기술은 2차 세계대전 중 원자폭탄을 만드는 과정에서 폭발 시 중성자의 물리적 확산을 모의실험하기 위하여 Fermi, Numann & Ulam 등의 물리학자들에 의하여 개발되었다고 알려져 있다.

이 기법을 처음 해수 광 분포에 도입한 사람은 Cashwell & Everett(1959), Kirk(1974), Adams & Kattawar(1978) & Gordon(1985) 등이다. 해수면으로 입사된 광자들은 최종적으로 어떠한 경로와 사건을 겪은 뒤 우리가 현재 관측하는 해양의 광학적인 값으로 나타나는 것일까? 모의실험에서 필요한 사전 입력값은 당연히 해수면 밖의 광분포도, 태양고도, 해수중 물질들에 의한 total a, b 및 평균 $\beta(\theta)$로 충분할 것이다. 만약 수중 물질을 물과 수중 부유입자로 구분한다면 물의 분자산란 외에 좀 더 자세한 개개 물질(i)의 농도와 a_i, b_i 및 평균 $\beta_i(\theta)$가 필요할 것이다. 이 경우 계산시간은 더욱 늘어나게 된다. 그러나 아직 이렇게 세분화하여 수치실험한 사례는 없다. 그리고 수치실험은 일반적으로 하나의 파장대에서 수행이 된다. 만약 해색위성 원격탐사라는 관점에서 계산을 한다면 위성의 파장대 모두에서 수행이 되어야 하며 이에 따른 a, b 및 평균 $\beta(\theta)$의 값은 모두 달라져야 할 것이다.

해양의 광 수치 모델은 광자의 다음 몇 가지 경우의 사건과 확률 값을 정해주어야 하는 것이 첫 번째 진행과정이다.

2. 입력 photon 수의 결정

입력되는 광자수가 충분하지 못하면 통계적적으로 충분히 신뢰도가 높은 결과를 얻을 수 없다. 광자 몇 개의 나타난 결과로 어떤 현상을 결론지을 수 없다는 의미이다. 따라서 충분한 광자수를 입력해 주어야만이 안정된 결론을 얻을 수 있을 것이다. 예를 들어서 100개의 광자로 광달층(Euphotic depth; 표면 광에너지의 1%가 도달하는 수심)에서 광분포를 실험하면 1개의 광자가 이 수심에서 나타나지 않을 수도 있다. 적어도 10^6개의 광자가 사용되었다면 10^4개의 광자가 소멸되지 않고 나타날 것으로 추정이 된다. 이 정도면 충분한 광자수를 확보하였다고 볼 수 있다. 그러나 광자수가 많아지면 계산에 엄청난 시간이 소요된다는 문제가 발생한다. 따라서 MC 모의실험 전에는 적정 광자수가 얼마나 되어야 할 것인지를 사전에 결정해두어야 한다. 그러나 최근 컴퓨터의 연산 능력의 발달로 계산의 소요시간으로 인한 제약 문제는 거의 해소되었다고 볼 수 있다. 1990년대 초에 수일 소요되던 수치계산은 이제 수분 이내로 종료할 수 있게 되었으니 실제는 제약이 거의 없어졌다고 볼 수 있다. 따라서 과거의 수치계산 소요시간의 제약으로 수행되지 못하였던 다양한 경우(수심, 파장, 구름의 양, 모든 방향각 등)에 따른 MC 실험에 다시 불을 붙여 보는 것이 어떨까?

3. 해수면 위의 광 분포

해수면 위의 하늘에서 입사되는 광자의 분포밀도(세기) 구름의 양 및 에어로졸의 농도에 따라 다르며 태양의 천정각에 따라서도 다를 것이다. 당연히 태양의 위치에서 발생되는 광자의 수가 많아야 하며 지평선으로 갈수록 입사되는 광자 수가 줄어들어야 한다. 이에 따른 해수면의 광자 입사각도 제각기 다르게 된다. 그림 4.33은 MC 실험에 입력될 하늘의 광 세기 분포도를 나타낸 한 예이다. 만약 하늘에 구름이 일부 분포된 경우라면 이에 따른 하늘의 해수 입력광 $(L(\theta, \rho))$ 분포도 바뀔 것이니 MC 실험에 영향을 미칠 것이다.

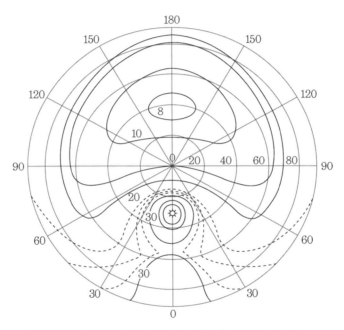

그림 4.33 MC 수치실험에 입력될 맑은 하늘의 $L(\theta, \rho)$ 분포의 한 예
(Solar Radiation, edited N. Robinson, 1966)

4. 광자의 산란 및 흡광 확률(Photon scattering/absorption probability)

해수면의 한 광자가 해수면에서 침투/굴절되거나 그리고 다른 자와의 충돌에서 소멸과 산란의 확률(single scattering albedo)은 $\omega_0 (= b/c)$로 결정된다. 여기서 새로운 난수(random number) $\Re$을 정의하여 [0, 1] 사이의 실수를 발생하게 한다. 만약 $\Re \leq \omega_0$ 광자의 산란으로, 만약 $\Re > \omega_0$이면 소멸로 결정된다.

따라서 ω_0의 값은 바로 광자의 살아남을 확률(Probability of photon survival)을 알려주는 값이기도 하다.

한 사건 이후 광자가 살아남았다면 다시 소멸/산란 2 현상에서 하나의 사건이 선택적으로 이어지게 된다. 만약 소멸로 없어진 경우는 새로운 광자가 투입되어 일련의 사건으로 계속 이어지게 된다.

5. 산란의 크기 및 방향

만약 산란으로 광자가 살아남았다면 2가지 현상의 값이 결정되어야 한다. 하나는 산란 방향이고 하나는 차기 충돌까지 평균자유 행로의 결정이다. 산란각 함수(β) 확률에 따라 산란각 (θ, ρ)이 결정되게 된다. 여기서는 산란이 좌우 대칭으로 고려하므로 천정각인 θ의 함수로만 고려하여도 무방할 것이다. 아니면 방향각 ρ까지 고려하여도 무방하나 더 많은 광자가 필요하고 계산 소요시간은 길어질 것이다.

6. 광자 자유행로(Free path length)

매질의 감쇄계수가 c인 곳에서, 광자의 충돌 후 이동거리는 어떻게 결정될까? 모의 수치실험은 전적으로 한 광자가 아무런 사건 없이 이동할 수 있는 거리(ℓ)는 다음과 같은 확률(z)로 정의해볼 수 있다.

$$1 - e^{-c\ell} = p \qquad (4.82)$$
$$e^{-c\ell} = 1 - p$$
$$-c.\ell = \log(1-p)$$
$$\ell = -\frac{1}{c}\log(1-p)$$

위 식에서 p는 1-T(투과도)에 해당하는 확률값이다. 이때 광자가 매질 중 어떤 입자와도 마주치지 않고 자유롭게 움직일 수 있는 거리를 평균 자유로(L; mean free path)라 하자. $p \rightarrow 1$에 접근하면 ℓ은 무한대로 가게 된다. 반면 $p \rightarrow 0$에 접근하면 ℓ도 0에 접근한다. 이 ℓ을 여기서 광자가 어떤 일(event)도 발생하지 않고 자유롭게 이동할 수 있는 거리, 즉 자유행로(free distance)라고 한다. 이 모의실험은 컴퓨터에서 $0 < z < 1$ 사이에 난수(random number)를 발생시켜서 입력하게 하면 산란이 있는 경우 개개의 광자에 대한 ℓ이 계산될 것이고, 이것이 광자 소멸 혹은 산란으로 물 밖으로 나오게 되면 이 계산은 끝이 난다. 즉, 수중에 입사한 태양광의 운명(Transfere radiative)을 계산하는 수치 모의실험에 유용하게 사용된다.

실수 난수 $\Re(0, 1)$를 발생시켜 p에 대입하면 해당되는 광자의 L의 값을 얻게 된다. 여기서 p는 앞에서 이미 언급하였듯이 충돌 확률값(1 - 비충돌 확률)으로 개개 광자의 산란 후 이동거리를 결정짓는 하나의 불규칙 값일 뿐이다.

7. 산란각

광자가 입자와 충돌한 경우 제일 중요한 추정은 진행방향에 대하여 산란각의 크기가 얼마인가 하는 것이다. 입자가 아주 크다면 입자 내부로 들어갔다가 굴절률의 차이로 인한 굴절 현상일 수도 있고, 입자 주변으로 지나다 꺾이는 회절현상, 그리고 아주 작은 물 분자와 충돌하였다면 산란일 수도 있다. 그리고 입자의 특이한 모양으로 인한 굴절각에 영향을 미칠 수도 있다. 어쨌든 이 광자의 휘어진 각을 산란각(scattering angle, θ)이라 통칭한다면 이 각은 해수중의 모든 물질에 의한 total 혹은 평균 각산란함수(volume scattering function, $\beta(\theta)$)에 좌우된다. 아마 이 $\beta(\theta)$가 MC 실험에서 가장 중요한 입력변수일 것이다. 이 각을 결정하는 데는 $\beta(\theta)$의 누적산란함수($F(\theta)$; cumulative distribution functions, 4.3.8 참조)를 사용하여 결정할 수 있다. 그 방법은 다음과 같다.

- 신뢰성 있는 해수의 평균 누적산란함수 $F(\theta)$ table을 만들어 둔다.
- 0에서 1까지 실수 난수 $\Re(0, 1)$를 발생시키고, 1-$\Re(0, 1)$의 값을 얻는다.
  $\xi = 1 - \Re(0, 1)$
- 바로 만약 ξ값과 $F(\theta)$ table을 서로 비교하여 일치하는 값의 θ을 찾는다. 이것이 바로 산란각(θ)이 된다.

8. 기타 고려사항

상기 고려사항 외에도 MC에서 사전 결정되어야 할 내용은 아주 많다. 구체적 설명은 생략하고 간략하게 몇 가지를 언급하면 다음과 같다(Kirk, 1974).

- 대기권 밖에서의 태양광 에너지(E_{solar})의 스펙트럼
- 해수면에 입사하는 태양광 에너지($E_d(0^+)$) 스펙트럼
- 해수면 투과/반사 광자 수 계산(바람 및 파고 고려)
- 년별/계절별 태양광 세기의 변화
- 파장별 대기의 투과도 특성
- 공기분자에 의한 레일리 산란(Rayleigh scattering)
- 대기의 에어로졸 산란 및 흡광특성
- 수증기 및 오존의 흡광특성
- 수중의 성분별(물, CDOM, 식물 플랑크톤, 부유물) 흡광/산란계수 스펙트럼 및 VSF(volume scattering function) 결정
- 얕은 수심에서 해수 바닥의 반사 계산
- 수중 미생물에 의한 형광 및 Raman 방사 계산
- 수중 평균코사인($\bar{\mu}$; average cosine), $E_d(z)$, 흡광에너지(물가열) 계산

9. 결과

그림 4.34는 위 식의 전제조건인 접근상태에서 b/c에 따른 K/c의 값의 결과를 Monte-Carlo 모의수치실험으로 얻어진 결과를 보여주고 있다. 4개의 곡선은 매질의 산란의 특성(β)에 따른 차이를 보여주고 있다. 모의실험의 입력 값으로 사용된 값은;

①의 경우는 순수 해수만 있는 경우로 물의 분자산란(Rayleigh scattering)과 흡광만 있고 광두께 τ=∞ 인 경우,

②는 흡광이 90%, 산란이 약 10% 인 경우이다 (b≈1/10 a), τ=1.5.

③ 역시 τ=1.5, 일반적인 해수의 $\beta(\theta)$을 입력하였다.

④번의 경우는 a=K인 경우를 보여준다. 다시 말하여 수중의 광 분포($\bar{\mu}$) 특성이 더 이상 변화가 없는 상태이므로 $K/c = a/c$이다. 그리고 항상 $a/c + b/c$ = 1이 된다.

그 외 전반적인 경향을 분석해보면;

1) K는 항상 a보다 크다.

2) ①②③④의 K/c와 b/c의 관계 커브는 전적으로 $\beta(\theta)$에 따라 좌우된다.

3) K/c = 1 특이한 경우에서는 K=a, b=0 이다.

4) b/c = 1이면 흡광이 전혀 없으므로 K=0, a=0가 되고 빛의 등방성(Isotropic) 상태가 유지된다.

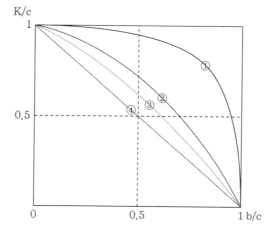

그림 4.34 점근상태에서 Monte-Carlo 모의수치실험에 의한 다양한 해수중의 광 환경 결과. 수중 광의 특성은 모두 IOP인 a, b, c, $\beta(\theta)$ 그리고 AOP인 K의 값에 따라서 좌우됨을 보여준다(Gordon et al., 1975)

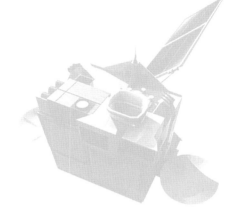

제5장

입자 광학

05
CHAPTER

입자 광학

5.1 해수색 변화에 영향을 미치는 물질 광특성

해색위성 원격탐사의 기본 원리는 수중에 존재하는 물질의 농도를 해색변화를 통하여 분석하는 것이다. 한 물질이 해수색을 변화시킬 수 있다는 의미는 수중에서 광학적으로 얼마나 활성화된 물질이냐에 달려 있다. 다시 말하여 해색변화에 얼마나 기여할 수 있는가이다. 해수색의 기본은 청색이다. 오로지 물의 분자산란과 흡광으로만 결정되어진다. 연안에서 먼 해양(open ocean)의 해수는 물 이외 다른 물질의 농도가 아주 낮다. 그러나 연안 해양에는 다양한 부유물질과 생물학적 입자가 해색을 지배한다고 볼 수 있다. 따라서 해색원격탐사의 기본은 해수중 존재하는 물질이나 입자의 개별 광학적 특성의 이해와 이들의 총 IOP와 AOP에 대한 기여도를 밝히는 것일 것이다. 그림 5.1은 해수에서 해색의 변화에 영향을 미칠 수 있는 물질로 분류하여 보았다.

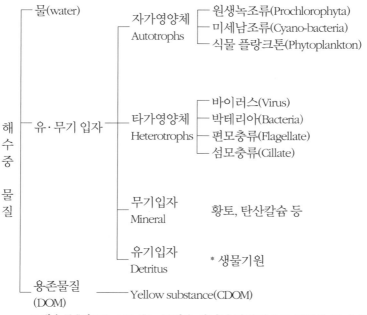

```
                    ┌─ 물(water)
                    │                    ┌─ 자가영양체      ┌─ 원생녹조류(Prochlorophyta)
                    │                    │  Autotrophs     ├─ 미세남조류(Cyano-bacteria)
                    │                    │                 └─ 식물 플랑크톤(Phytoplankton)
                    │                    │
                    │                    │                 ┌─ 바이러스(Virus)
          해         ├─ 유·무기 입자 ────┤  타가영양체      ├─ 박테리아(Bacteria)
          수                             │  Heterotrophs   ├─ 편모충류(Flagellate)
          중                             │                 └─ 섬모충류(Cillate)
                                         │
          물                             ├─ 무기입자        황토, 탄산칼슘 등
          질                             │  Mineral
                    │                    │
                    │                    └─ 유기입자       * 생물기원
                    │                       Detritus
                    └─ 용존물질 ─────── Yellow substance(CDOM)
                       (DOM)
```

* 해수중 "기포(bubble)"는 물질은 아니나 광학적으로 산란을 크게 일으키므로 입자처럼 고려되어야 할 것이다.

그림 5.1 해수중 해색을 결정하는 주요 물질과 입자의 분류(Ahn, 1990)

5.1.1 순수 해수

해수 색을 결정하는 기본으로, 이에 대한 광학적 특성 연구는 Morel(1966; 1974)에 의하여 수행되었다. 해수의 광특성은 순수(pure water)와 차이가 난다. 해수에는 다양한 염(salt)의 이온이 존재하기 때문이다. 이로 인하여 해수의 산란세기는 순수보다 약 30% 정도 크다. 산란 특성은 물 분자에 의한 산란(Molecular scattering)이므로 파장에 따라 $\lambda^{-4.3}$에 비례한다. 그리고 전방 및 후방 산란의 광세기가 같고 $\beta(\theta)$ 모양이 서로 대칭이므로 $b_b = \dfrac{1}{2}b$라는 관계가 성립된다. 그림 5.2는 해수의 흡광계수와 산란계수를 파장에 따라 보여주고 있다. 한 가지 기억해두어야 할 것은 가시광 영역에서 물의 흡광세기는 산란세기보다 훨씬 강하다(2.4배/400nm~855배/700nm)는 것이다. 흡광의 세기는 445nm에서 최저가 되고 장파장으로 갈수록 급격하게 증가한다. 특히 570~600nm 근처에서 크게 증가하는 모습을 보여준다. 따라서 순수한 해색은 단파장에서는 물의 산란으로, 장파장에서는 물의 흡광으로 결정된다고 볼 수 있다. 즉, 이것이 맑은 해수색이 푸르게 보이고 수중에서는 붉은색이 거의 보이지 않는 이유이다. 그 외에도 Raman 산란(방사)이 있으나 앞 장에서 이미 언급하였듯이 이 크기는 전체 산란크기에 비하여 아주 약하고 $\beta(\theta)$의 모양도 물과 비슷하여 무시하여도 좋을 것이다(보다 자세한 분자산란 이론은 5.2.1 참조).

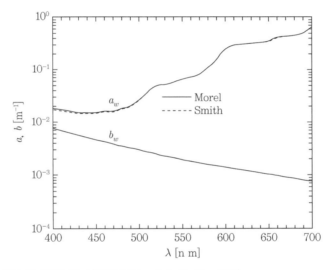

그림 5.2 순수 해수의 흡광 및 산란계수(Morel & Smith, 1974)

5.1.2 자가영양체(Autotroph)

해수로부터 이산화탄소와 물 그리고 영양물질을 흡수하여 광합성을 하며 광합성 색소(photosynthetic pigments)를 갖는 미생물이며 식물 플랑크톤(Phytoplankton)의 총칭이다.

광합성 색소 클로로필(이하 대표 색소로, CHL)은 해색위성원격탐사에서 가장 중요한 환경변수일 것이다. 광합성이란, 조류나 식물이 광합성 색소와 광에너지를 이용하여 무기질의 이산화탄소(CO_2)와 물(H_2O)을 결합시켜 유기화합물(CHO)을 생산하는 것을 의미한다.

$$6CO_2 + 12H_2O \xrightarrow{} C_6H_{12}O_6 + 6H_2O + 6O_2$$

CHL

이 CHL은 모든 광합성 식물이 갖고 있으므로, 해양이나 육상의 1차 생산자인 식물의 양(Biomass)을 대표하는 값으로 사용될 수 있다. 물론 이 값이 꼭 CHL 농도값이어야 할 필요가 없다. 유기물 중의 탄소(C)량으로 표현하는 것이 가장 이상적인 생체량의 대푯값이 될 수 있을 것이다. 그러나 탄소량 측정보다는 CHL의 양을 측정하는 것이 화학적으로 훨씬 편리하고 쉽다는 것이다. 위성 원격탐사기술에서도 녹색의 CHL이 해수의 색을 변화시키고 위성으로 훨씬 분석하기가 쉽기 때문에 원격탐사 기술의 주요 관측대상이 된다. 지구의 식물량이 왜 중요한가 하는 문제는 온실효과의 주범인 이산화탄소를 제거할 수 있고, 탄소순환, 해양생태학 그리고 지구의 장기 기후변화라는 큰 연구 주제에 들어가기 때문이다. 그 외에도 연안 해수에서는 CHL 값이 해수의 수질을 대표하는 변수로 사용된다. 해수가 오염되면 미세 조류가 번성하게 되므로 CHL는 해양오염, 즉 수질을 판정하는 주요 지수(index)가 된다.

5.1.2.1 원생녹조류 및 미세남조류

원생녹조류(Prochlorophyta)와 미세남조류(Cyanobacteria)의 경우 박테리아 크기의 원시 원핵생물(Prokaryotic cell)로 분류되므로 일반적인 수 마이크로 크기의 진핵생물(eukaryotic cell)인 식물 플랑크톤과 별도 분류된다. 자가영양체 중 가장 작은 미생물로 알려져 있는 원생녹조류는 그 크기가 0.5~0.8μm 정도이다(Morel et al., 1993). 연안 해양에는 그 양이 아주 적으며 주로 빈영양해나 깊은 광달층(euphotic depth) 부근에 서식하는 것으로 알려져 있다(Chisholm et al., 1992). cyano-bacteria 역시 광합성을 하는 박테리아(bacteria) 크기의 미생물로 그 크기는 1μm 정도 된다. 이들은 주로 원해양의 빈영양해에서 서식하며, 한반도 인근해역에는 서해의 표층수에도 많이 분포하는 것으로 알려져 있다. 대표적인 종으로는 cyano-bacteria의 *synechococcus sp.*와 prochlorophyta의 *prochlorococcus sp.* 등이 있다.

이들의 가장 두드러진 특성은

1) 광학적 환경에 따라 a^*의 크기가 크게 변할 수 있으며(그림 5.3 참조)
2) 셀(cell) 내부의 광합성 색소농도가 일반 식물 플랑크톤보다 월등히 높다는 것이다.

그 외에도 이들의 작은 미생물 크기는 생태적/광학적으로 큰 미생물들보다는 광 및 영양분 흡수에 우위의 경쟁력을 확보하고 있다. 따라서 이들이 어떻게 빈영양해에서 생태적 우위를 점할 수 있는 종으로 될 수 있는지에 대한 것이 설명된다. 이들의 총 1차 생산에 대한 생물량은 약 10% 미만으로 추정되나 빈영양해(oligotrophic water)에서는 30%까지도 이른다는 보고가 있다.

상기 두 원핵생물들의 광학적인 차이점은 prochlorophyta는 α-carotene를 cyano-bacteria는 β-carotene를 갖고 있다. 공통으로는 zeaxanthin이라는 색소를 갖는다. 그리고 cyano-bacteria의 *synechococcous sp.*의 경우 550nm에서 phycoerythrin에 의한 강한 흡광 파장대를 갖고 있다는 것이다. 일반적으로 식물 플랑크톤이 이 파장대에서는 비흡광 파장대로 알려져 있는 곳이다. CHL 원격탐사에서 일반적으로 550~570nm 파장대를 비흡광 파장대로 고려하여 알고리즘이 만들어진 것을 고려하면, *synechococcous sp.*가 해양에 있을 경우 큰 오류를 발생시킬 수 있음을 의미한다.

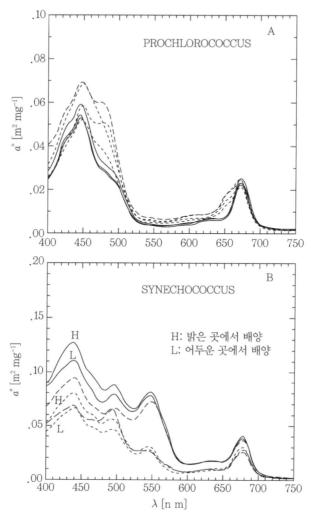

그림 5.3 배양된 원생녹조류(A)와 미세남조류(B)의 살아있는 상태의 비흡광계수 스펙트럼. (B)에서는 부속 광합성 색소들에 의한 다양한 피크 파장대를 볼 수 있다(Morel et al., 1993)

5.1.2.2 일반 식물 플랑크톤의 흡광특성

광특성이라 함은 개별 입자나 물질이 갖는 흡광/산란 스펙트럼의 모양에서 흡광 혹은 비흡광 파장대 그리고 굴절지수, Q-factor, SIOP 등을 의미한다.

해양에서 해색변화에 가장 큰 영향을 미치는 생물입자이다. 특히 식물 플랑크톤의 살아있는 상태에서 광특성은 440nm와 678nm에서 광합성 색소 chlorophyll-a에 의한 흡광 파장대가 가장 큰 영향을 미치게 된다. 그 외에 종에 따라 다양한 부속 광합성 색소(아래 표 5.1 참조)를 갖고 있다. HPLC 분석으로 현재까지 밝혀진 광합성 색소의 종류는 50여 종 이상으로 알려지고 있다(H. Claustre et al., 1992). 한 가지 유의할 점은 cell이 살아있는 상태(intact cell)와 유기용매를 사용하여 광합성 색소를 추출하였을 때와는 흡광대 파장 이 다르게 나타날 수 있다.

표 5.1 광합성 색소의 종류와 관련된 흡광 파장대(안유환 등, 2001). 10개의 색소 구분은 아래 스펙트럼에서 그 파장대를 표시하였다

구분	*in-vivo* absorption center band(nm)	Pigments
①	411	Chlorophyll-a
②	444	Chlorophyll-a like
③	443	Chlorophyll-a
④	470	Carotenoid
⑤	492	Phycoerythrin
⑥	549	Phycoerythrin
⑦	585	Divinyl-like
⑧	627	Phycocyanin
⑨	652	Chlorophyll-b
⑩	678	Chlorophyll-a

그림 5.4는 다양한 해양의 식물 플랑크톤의 살아있는 상태에서 흡광 스펙트럼을 보여 주고 있다. 종에 따라 부속 색소가 다양하게 분포되어 있으며 이들 색소에 따라 외관적으 로 보이는 수색이 다양하게 관찰된다. 일반적으로 그 색깔을 구분해보면 녹색-황색-(황) 갈색-적색 등으로 구분해볼 수 있다. 생태적으로 보면 이 부속 색소들은 주로 광합성의 효율을 증대하기 위한 것으로 광의 세기에 따라 생리적으로 그 크기가 다양하게 변할 수 있다는 것이다. 즉, 같은 종이라도 어떤 광학적 환경에 처해 있는가에 따라 부속색소 흡 광스펙트럼의 세기가 다르게 관측된다. 이것이 종에 따른 식물 플랑크톤의 원격탐사 기

술을 어렵게 하는 이유라고 볼 수 있다.

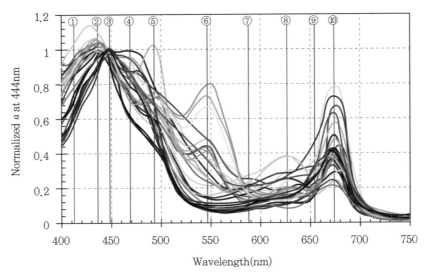

그림 5.4 다양한 식물 플랑크톤에 따른 흡광 스펙트럼. 각 파장대의 번호는 표 5.1에서 색소 명을
나타낸다(안유환 등, 2001)

식물 플랑크톤의 종에 따라 그 중심 파장이 다양하게 분포하나 어떤 종에도 공통으로
존재하는 핵심 흡광대는 CHL-a에 의한 444nm와 678nm라고 볼 수 있다.

5.1.2.3 식물 플랑크톤의 역산란 및 형광특성

CHL입자의 광특성은 앞에서 언급하였듯이 흡광특성이 가장 해수의 광학적 특성에
미치는 영향이 크다. 반면에 이들 미생물에 의한 역산란 광은 일반적으로 아주 미약하며
광학적 효과는 아주 미약하다. 예외의 경우도 있다. Cocolitophore와 같이 세포의 표면
이 탄산칼슘으로 덮여있는 플랑크톤 블룸(bloom)이 발생하는 경우는 아주 강한 역산란
반사로 인하여 해수가 우유빛처럼 탁하게 보이기도 한다. 어쨌든 플랑크톤의 역산란 신
호는 해색변화 수치 모델에 빠질 수 없는 주요 변수인 것만은 사실이다. 역산란계수(b_b)
의 측정은 분광기와 결합한 적분구를 활용하거나 VSF 기기를 활용할 수 있다(제4장

4.4.3 참조). 실험실에서 아래 그림은 몇몇 종의 식물 플랑크톤의 b_b 스펙트럼을 보여준다. 모양을 비교하기 위하여 550nm에서 규격화 하였다. 특징은 440nm 흡광대에서 신호가 작아지며 비흡광대인 500~600nm에서 강한 혹(hump)이 생기는 것을 볼 수 있다. 그리고 680nm에서 아주 큰 peak 신호가 감지되는 것이 특징이다. 이것은 광자의 비탄성 충돌에 의한 형광신호이다. 440nm에서 흡광된 에너지의 일부가 680nm 장파장에서 다시 광에너지를 방사하는 것이다. 이 사실을 보면 형광신호가 식물 플랑크톤의 뚜렷한 광특성 중의 하나임을 확인할 수 있다. 물론 이 신호를 측정하기 위해서는 입사광으로 복합파장(polychromatic) 광원을 사용해야 한다. 만약 입사광으로 단색광을 사용하면 형광신호는 볼 수 없을 것이다. 해양의 광학적 조건은 태양의 복합광이 입사되므로 전자(Former)가 현실적으로 더 타당한 측정 방법이 된다. Morel et al.(1992)은 식물 플랑크톤의 형광양자효율을 측정한 결과 1.1~2.8%로 얻어졌다. CHL의 형광신호의 세기는 종이나 생리상태에 따라 다양하여 해수중 CHL의 농도를 얻는 데 적합하지 않을 수도 있지만 실제 해양은 다양한 종이 복합적으로 섞여있고 평균화되므로 형광신호의 세기는 해수중 CHL 농도값을 얻는 데 상당히 유용한 정보이다.

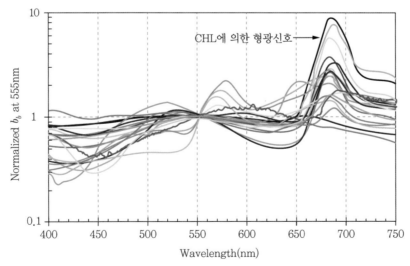

그림 5.5 복합색(polychromatic) 광원을 사용하여 측정된 몇몇 종의 식물 플랑크톤의 역산란 스펙트럼(550nm에서 규격화 한 값임)(Ahn, 1992)

5.1.3 Heterotrophic 플랑크톤

　광합성을 하지 않는(타가영양체) 미생물을 의미한다. 광합성 색소를 갖지 않으므로 생존방식은 직접 해수에서 영양물질을 흡수하거나, 혹은 자기보다 작은 미생물을 먹이로 하여 번식하는 생물이다. 대부분 해수에서 자가 유영 능력을 가지며 무색을 띠고 있다. 무색이므로 광합성 색소를 갖는 식물 플랑크톤에 비하여 흡광 능력은 아주 작다. 그러나 산란 특성은 유사한 능력을 보여준다. 경우에 따라서는 식물 플랑크톤을 먹이로 섭취하여 광합성 색소를 갖고 있는 것처럼 보이는 것도 있다. 크게 아래와 같이 분류할 수 있을 것이다.

5.1.3.1 부유(Free living) 해양 박테리아

　해수에서 바이러스를 제외한 가장 작은 타가영양체로 0.8~1μm의 크기이다. 물론 앞에서 언급한 광합성 가능한 박테리아(cyano-bacteria)도 있다. 일반적으로 무색이며 자유롭게 해수에 부유(free leaving)하는 상태로 존재한다. 서식밀도(cell density)는 해수의 영양상태에 따라 10^3~10^6 cells/mL 정도로 분포한다. 이들은 원해양(open ocean)의 빈영양해(oligo-trophic water)에서는 무기영양물을 획득을 위한 자가영양체(autotroph)와 경쟁관계에 있다는 연구결과도 있다. 이들 박테리아의 생태적인 바로 윗 단계의 생물은 편모충류(flagellate)이며, 그 상위단계는 섬모충류(cillate)로 이들의 생체량도 무시할 수 없다(Rassouzadegan & Sheldon, 1986). 이와 같은 박테리아는 광합성 색소를 갖지 않으므로 해수중에서 미치는 광학적 영향은 아주 미미할 것이다. 색소를 갖지 않으므로 흡광은 무시 가능할 것이다. 그러나 작은 셀 크기로 인한 역산란 효율이 아주 높아서 경우에 따라서는 충분히 전체 반사도에 영향을 미칠 수 있다는 연구가 있다(Ahn, 1990). 다음 그림은 해수중 박테리아와 편모충류(flagellate)의 개별 광특성인 Q_a와 Q_{bb} 값을 보여주고 있다.

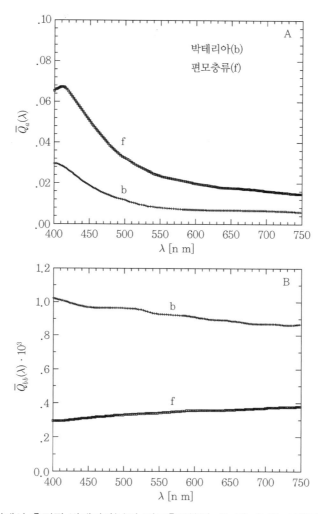

그림 5.6 실험실에서 측정된 박테리아(b)와 편모충류(f)의 Q_a 및 Q_{bb}의 스펙트럼(Ahn, 1990)

5.1.3.2 편모충류 & 섬모충류

편모충류(flagellate)는 원생 동물문에 속하며 박테리아의 바로 상위 단계의 생물로 크기는 5~50μm 정도이고 모양은 대체로 구형이다. 식물성과 동물성으로 나눌 수 있으며 식물성은 광합성 색소를 갖는 종도 있다. 여기서는 동물성에 한하며, 1개 내지 몇 개의 편모를 가지며 유영능력이 있고, 박테리아 크기의 미생물을 포식하며 성장한다. 수계

생태계에서 박테리아의 끝없는 번식력은 이들 생물에 의하여 조절된다고 볼 수 있다. 크기가 2mm에 이르는 야광충도 여기에 속한다. 섬모충류(cillate)는 박테리아부터 편모충류 혹은 식물 플랑크톤을 포식하며 크기는 약 30~100μm의 크기를 갖는다. 대체로 해양성이 담수에 서식하는 것보다 훨씬 작다. 이들의 수중 생태계에서 상당수가 기생성으로 살아가기도 한다. 섬모의 작용으로 물결을 일으켜 이동한다. 풍부한 먹이로 이런 원생동물이 대량으로 발생하면 일반적인 식물 플랑크톤에 의하여 발생하는 적조와 같은 용존산소의 고갈 현상을 일으켜 생태계의 어류 폐사로 이어지기도 한다. 이들은 먹이가 부족하면 운동을 거의 하지 않으며 섬모로 주변 물체에 부착하여 에너지의 소모를 최소화 한다. 최악의 경우에는 스스로 몸체 크기를 정상보다 약 반 이하로 줄이면서 생존하기도 한다(Ahn, 1990).

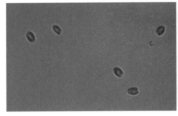 

그림 5.7 현미경으로 관찰된 편모충류(좌측)와 섬모충류(우측/전자현미경)

이들의 광학적 특성은 흥미롭다. 우선 흡광특성을 보면 장파장으로 갈수록 흡광효율은 급격히 감소된다. 일반적인 무생물의 유 · 무기입자들이 갖는 특성이다. 그런데 편모충류(flagellate) 경우 410nm 근처에서 피크치가 생긴다. 그 이유는 알 수 없다. Q_a의 경우 박테리아는 작은 size로 인하여 아주 낮은 흡광효율을 보여준다. 반면 Q_{bb}의 경우에는 박테리아가 반대로 아주 높은 역산란 효율을 보여주며 파장에 따른 값도 거의 일정하다고 볼 수 있다.

반면 박테리아의 산란(b) 특성은 λ^{-2}에 비례하는 특성을 보여준다(그림 5.6A 참조). 그러나 역산란 특성이 파장에 따라 b에 비하여 급격하게 감소하지 않는 이유는 박테리아의 파장에 따른 상대적 입자크기가 장파장으로 갈수록 작아지고 이 효과는 다시 역산란에 의한 꾸러미(package) 효과(5.5.3 참조)로 효율을 크게 증가시키기 때문인 것이다. 일반적으로 해양에서 박테리아의 역산란광에 미치는 효과는 식물 플랑크톤과 같거나 더 크다는 것이 밝혀졌다(Ahn, 1990). 다만 실제 기여도는 현장에서 서식밀도에 따라 좌우될 것이다.

5.1.4 무기입자

해수중의 부유 무기입자의 근원이 대부분 육상 기원이다. 대기로의 이동되는 입자의 양도 무시할 수 없다. 하천을 통하여 유입된 입자는 강의 하구에서 멀리 이동하지 못하고 빠르게 침전하게 된다. 따라서 원 해양의 경우 하천으로 이동되는 양보다 훨씬 많을 수 있다. 해수표면에 부유 상태로 체류하는 시간은 주로 해수면에서 바람의 세기에 좌우된다. 낙동강 하구나 중국의 양쯔강 하구에 상시 볼 수 있는 탁수는 육지로부터 직접 이동된 입자들은 아니고 바닥에 침전된 입자들이 바람에 의하여 재부상되면서 점차 먼 해양으로 이동하는 입자들이다. 이들은 바람만 약해지면 다시 바닥으로 가라앉게 된다.

이들 육상 기원의 무기입자는 **황토(loess)**(SiO_2, Al_2O_3, $CaCO_3$, Fe_2O_3, $MgCO_3$, ⋯)가 주류를 이룬다. 성분비를 보면 Si 48%, Al 35%, Fe 11%, Mg 6% 정도이다. 다만 이들이 해양에 오래 체류하는 동안 죽은 생물 유기입자와 섞이게 되면서 점차 회색으로 변하게 된다. 황토가 황색이나 붉은색을 띠는 이유는 흙 내부의 산화철 성분 때문이다. 따라서 연안해역의 생물입자와 얼마나 혼합된 것인가에 따라 연안의 부유입자의 색깔은 다르게 된다. 즉, 해역에 따라 부유입자의 광학적 특성이 크게 다를 수 있다는 것을 의미한다. 무기입자의 양이 상대적으로 많을수록 밝는 황색을 띠게 된다. 경기만이나 진도 근해역의 부유입자는 유기입자가 많이 포함되었으며 홍수 시 낙동강 하구의 탁수는 무기입자가 주를 이룬 것이라 볼 수 있다.

해수에 따라 무기입자의 기원이 생물기원인 경우도 있다. 대부분 산호초 지역이거나 연안의 조개나 굴 등에 의한 패각(shell)으로 만들어진다. 따라서 주성분은 탄산칼슘이며 입자가 거칠고 크며 흰색을 띤다. 지역에 따라 해안에 퇴적되어 퇴적토의 형태로 존재하기도 한다.

이들 무기입자에 관한 광학적 특성 연구는 그렇게 많지 않다. 그림 5.8은 4종의 해양의 무기입자들에 대한 연구 결과를 보여주고 있다(Ahn, 1990).

맑은 해수에서 생물학적 입자인 식물 플랑크톤과 무기입자의 SIOP를 비교하면 흡광

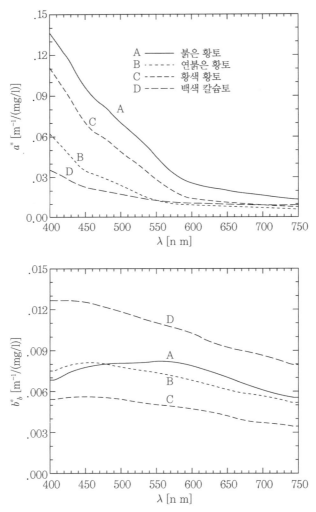

그림 5.8 무기입자 4종에 대한 비흡광(a^*) 및 비역산란계수(b_b^*) 특성 값[m²/g](Ahn, 1990)

도는 ~1/10 정도로 아주 작으나 역산란계수의 값은 유사한 수준이다. 그러나 연안해양 현장의 농도 값은 맑은 해수의 약 ~100배 정도 높으므로, 실제 무기입자에 의한 b_b의 크기는 클로로필 입자보다 10~100배나 더 월등히 강하다는 것을 의미한다. 일반적으로 사용하는 무기입자의 농도 단위는 mg/L를 사용하고 클로로필의 경우 μg/L를 사용한다. 따라서 SIOP의 단위를 클로로필 입자의 경우 [m²/mg]로, 무기입자의 경우 [m²/g]로 표기한다.

5.1.5 용존유기물(CDOM)

먼저 수계에서 어떤 물질이 입자이고 용해상태인가 하는 개념은 엄격이 구분하기 어렵다. 어떤 물질이든지 분자로 되어 있고 이들 분자는 고유의 크기를 갖는 입자이기 때문이다. 따라서 화학적으로 용존상태의 기준이 무엇일까? 어떤 특정 크기부터 입자상 혹은 용존상이라고 정의하기 어렵다. 일반적으로 화학자들은 직경 0.45μm의 크기를 가진 필터를 통과한 모든 물질을 용해상태로 정의한다. 실제 대부분의 해양학자들은 해수에서 입자를 제거하기 위하여 0.2μm의 폴리카보네이트(Polycarbonate) 재질인 "Nucleopore filter", $0.2{\sim}0.4\mu$m의 셀루로즈(cellulose) 종류인 "Millipore" 혹은 유리섬유인 "GF/F" 필터를 사용한다. GF/F 경우 정확한 구멍(pore) 크기를 정의하기 어렵고, 최대 통과 입자의 크기는 0.8μm 이하라고 알려져 있다. 물론 입자를 많이 거를수록 통과되는 평균입자의 크기(pore size)는 점점 작아지게 된다.

해수에 용존된 유기물의 기원은 아주 다양하나 대부분 육상으로부터 해양에 들어온 물질이다. 육상 유기물은 대부분 동식물이 부패되거나 혹은 태양의 강한 자외선으로 분해된 유기물의 일부이다. 따라서 탄화수소(Hydrocarbon; CH 화합물)가 주성분이고 경우에 따라서는 질소, 인, 황 등이 포함되어 있다. 아마 대부분은 식물의 부패물일 것이다. 이들 물질의 구조는 대부분 고분자 물질로 분자량이 1~100kDA(Dalton: 분자량) 정도이다. 분자량이 대부분이 1kDA 정도이나 5% 정도는 100kDA 정도까지 이른다.

이들 물질의 색은 대부분 식물에 공통으로 들어있는 탄닌(Tannins)으로 인해 황색을 띠고 있는 것이 특징이다. 차나 커피의 황색이 여기서 유래한다. 따라서 영어로 "**Yellow substance**", 독일어로 "**gelbstoff**"라고 한다. 앞에서 언급하였듯이 다양한 용존유기물의 복합체이므로 이 중에서 색을 가진 유기물이 대부분의 DOM(Dissolved Organic Matter)을 차지하므로 "착색된(Colored)" 혹은 "색을 가진(Chromophoric)"이라는 단어가 추가되어 **CDOM**이라고 불린다. 따라서 CDOM은 DOM의 주성분 물질로 이해하면 된다.

이 개념은 수계에서 chl-a가 전체 chl을 대표하며 농도의 대부분을 차지한다는 개념과 같다. DOM의 농도는 당연히 육상이나 연안 해양에서 농도가 높게 나타나고 원 해양으로 갈수록 값이 낮아진다.

5.1.5.1 흡광특성

CDOM이 수계 원격탐사에서 주요한 이유는 바로 이들이 수색을 크게 변화시킬 수 있기 때문이다. 이들의 광학적 특성으로는 청색과 같은 단파장에서 강한 흡광작용을 가진다. 반면 붉은 장파장으로 갈수록 흡광작용을 거의 없어지는 특징이 있다. 물속에 이들 물질이 다량 들어있으면 청색 계열의 단파장을 흡수하므로 수색은 황색을 띠고, 더 농도가 높으면 갈색에서 점차 흑색을 띠게 된다. 이런 수색의 변화(Tannin-stained waters)는 아마존을 통과하는 강이나 하천 수에서 쉽게 관측이 된다. 다음 그림 5.9는 CDOM의 흡광 스펙트럼을 400nm에서 규격화한 결과를 보여주고 있다. 단파장에서 장파장으로 지수 함수적으로 감소하고 있음을 볼 수 있다. Bricaud et al.(1981)은 파장에 따른 흡광계수 (a)를 다음과 같이 나타내었다.

$$a\left(\lambda\right) = a_{ref}(r)\,\mathrm{EXP}\left[-S(\lambda - r)\right]$$

위에서 $a_{ref}(r)$는 기준 파장 r에서의 흡광계수를 의미한다. 위 식이 의미하는 바는 S값과, 기준 파장에서 흡광계수를 알면 전 파장 영역에서의 값은 예측될 수 있다는 것이다. CDOM의 광특성은 스펙트럼의 파장에 따른 기울기(S)에 따라 다르다. 해역별로 얻은 S값은 지중해에서 Bricaud et al.(1981)은 0.014, 멕시코만(Gulf of Mexico) 등에서 Hoge & Vodaceck(1993)은 0.015~0.023, 한반도 주변 해에서 0.007~0.02 정도로 다양한 양상이 측정되었고 평균값은 0.0145로 기존 연구와 유사한 범주에 들어감을 볼 수 있다 (안유환 et al., 2006)(그림 5.9). 이 기울기 값이 크고 장파장으로 갈수록 a값이 급격히 감소됨을 의미한다. 이 차이점은 CDOM의 화학적인 성분에 따라 결정되는 것으로 사료된다. 그러나 간혹 해수를 거를 때 사용한 필터의 통과 구멍크기(pore 사이즈)에 따라 통과한 미세입자의 광산란에 따른 오차로 유발될 수 있으므로 유의하여야 할 것이다.

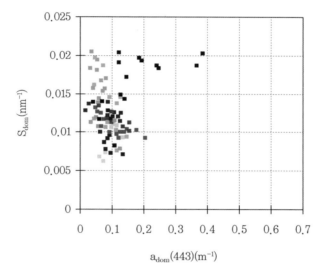

그림 5.9 한반도 주변해역에서 관측된 DOM물질의 443nm에서 흡광크기와 흡광특성인 기울기(S) 값의 분포

5.1.5.2 형광특성

CDOM에 의한 형광은 흡광계수 값보다 더 관측이 쉽다. 일반적으로 단파장에서 에너지를 흡수하여 그보다 긴 파장에서 에너지를 방출하는 것은 CHL 색소와 같다. 그렇지만 형광으로 방출(emitting)되는 파장은 여기시키는 파장과 아주 가까운 것이 특징이다. 다음 그림 5.10은 다양한 해수를 채수한 후 입자를 제거한 후 단파장으로 여기 광에너지를

입사한 후 흡광된 에너지(a)에 따른 재생산된 형광에너지(F)의 파장에 따른 형광의 양자생산성($\psi = F/a$, Quantum yield efficiency) 효율값을 보여주고 있다. 여기서 F를 구하기 위하여 당연히 해수가 기본적으로 방사하는 Raman 산란에 의한 영향은 제거되어야 한다. 대부분의 피크 형광 파장은 380nm에서 400nm 사이를 보여주고 있다. 그리고 355nm에서 제2의 피크 파장대를 보여준다. 그리고 해수에 따라 형광의 양자 생산성도 많이 다양함을 보여준다. 대체로 피크 파장대에서는 0.8~1.5% 정도의 효율을 보여주고 있다. 이 값은 앞에서 언급한 CHL 입자의 형광 효율의 약 1/2 정도이다.

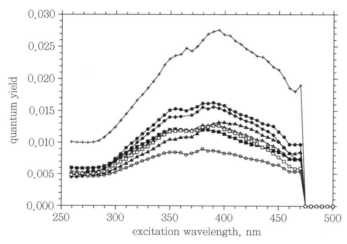

그림 5.10 CDOM의 형광 효율. 입사된 에너지에 따라 형광으로 재생산된 에너지 효율, 260~470nm 범위에서 값을 보여주고 있다(S.A Green & N.V Blough, 1994)

5.1.5.3 측정방법

CDOM은 용해상태의 물질이므로 (탄성)산란이 일어나지 않는다. 따라서 실험실 분광분석기에서 광학셀에 해수를 넣어서 흡광도는 쉽게 측정할 수 있다. 물론 입사된 광의 일부는 흡수되어 다시 형광으로 발산되지만 어쨌든 1차 흡광된 에너지이다. 따라서 형광(일종의 비탄성 산란)으로 인한 오차는 무시해도 좋다. 주의할 점은 해수를 완벽하게 거른 후 미세입자가 샘플 중에 남아있지 않게 하여야 할 것이다. 일반적으로 구멍크기

(pore size)[10] $0.2\mu m$ 필터를 사용하여 전 처리를 한다. GF/F 필터는 평균 $0.8\mu m$ 정도의 구멍으로 알려져 있어 권장되지는 않는다. 그럼에도 편리성으로 인하여 많이 사용하기도 한다. 일반 해양에서는 대부분의 경우 농도가 낮아 10cm의 광학셀을 사용하여 측정한다.

5.1.6 해수색 다양성

해수색(Ocean color)은 수중의 모든 정보를 복합적으로 보여주는 외관상 광특성이다. 사람의 눈은 경험적으로 이 색을 보고 해수중에 포함된 물질들의 종류와 상태를 직관적으로 추정할 수 있다. 아래의 수색들은 우리 주변 해역에서 볼 수 있는 수색의 종류로 다음과 같은 광학적인 내용을 내포하고 있다.

- 청수(Blue water): 일반적으로 해수중 부유물질이나 용존성 물질이 거의 없는 해수에서 보이는 색을 의미한다. 연안에서 아주 먼 원해양의 경우에 해당한다. 물의 투명도 역시 아주 높고 세이키(Secchi) 디스크(disk) 수심이 15m 이상이라 볼 수 있다.
- *우리나라 남해연안에서 가끔 나타나는 "청수" 역시 남쪽 먼 해양의 심해수(용존산소도 거의 없음)의 일부가 연안으로 접근함으로써 나타나는 현상이다. 양식장을 덮치면 양식어류가 호흡을 못하여 폐사하는 사례가 보고되어 어민들에게는 공포의 물로 알려져 있다.
- 탁수(Turbid water): 주로 연안 해역에서 흔히 볼 수 있는 해색이다. 저층의 퇴적물이 재부상하거나 육상 담수가 유입되어 나타난 것으로 해역에 따라 무기입자가 주를 이루거나 혹은 미생물 침전물과 무기 퇴적물이 혼합되어 나타난다. 투명도가 수cm에서 수m 이내이다. 유기물과 무기물의 성분 비율에 따라 밝은 황색이나 잿빛의

---

10 필터의 거름 구멍(hole)은 정확한 원형이 아니다. 조직이 서로 얽혀 있으므로 구멍의 크기는 평균치를 의미한다. 폴리카보나이트 재질의 Nucleopore(상품명) 필터는 레이저광으로 구멍을 만들므로 hole size가 일정하다.

탁한 수색을 보인다. 일명 진흙(Clay) 혹은 퇴적점토가 주성분이다. 색이 회색이거나 탁한 이유는 퇴적토 중에 포함된 해양의 유기입자들의 오랜 세월 동안의 탄화(Carbonization) 과정으로 나타나는 것이다.

- **우유 빛 해수(Milky water)**: 특별한 경우이긴 하지만 식물성 플랑크톤 cell의 표피(armor)가 석회(CaCO₃)로 형성된 석회조류(예: Emiliana Huxely)가 대량 번식한 후 사멸기에 이들 무기질 입자를 대량으로 해수로 방출하면서 바닷물이 우유 / 에메랄드 빛처럼 변하는 경우도 가끔 관측되기도 한다. 그 외에도 아주 미세한 원형의 석회조류(Coccolithopore)가 번성하여 보이는 경우도 있다. 해색위성으로 간혹 관측되기도 한다(그림 5.11).

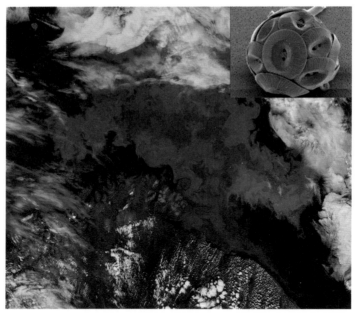

그림 5.11 위성으로 감지된 Barents 해의 Coccolithopore의 블룸(bloom) 영상(NASA)

- **녹색수(Green waters)**: 녹조(Green algae)나 적조(red algae)가 발생하여 보이는 수색이다. 큰 하천이나 댐, 호소 같은 육상담수에서도 흔히 보인다. 하절기에 주로 발생하여 수온이 낮아지면 소멸하게 된다.

- **적색수(Red water):** 실제 물이 붉게 보이는 현상은 하천이나 해수에서 간혹 관측된다. 이 경우 대부분 수중 특이 미생물이 번식하여 적색 외에 다른 광을 거의 흡수하여 보이는 경우이다. 대표적인 생물이 야광충의 일종인 *Noctiluca scintillans*으로 와편모조류의 동물성 플랑크톤이다. 전 세계적으로 다양한 곳에서 발생하며 특히 캘리포니아 연안에서 발생하는 것으로 유명하다. 한반도 주변에서 간혹 발생한다.

그림 5.12 적조에 의한 해색변화(남해)

- **갈색수(Brown water):** 주로 갈색의 규조류의 번성에 의하여 보이는 해색이다. 그 외에 육상담수나 큰 호수에서 용존유기물의 농도가 높은 경우에도 간혹 나타나는 현상이다.

- **흑수(Black water):** 용존유기물이나 식물 플랑크톤의 농도가 아주 높아지면 주로 청색-녹색-황색-적색까지 색을 흡수해버린다. 이 경우 바다의 고유 청색도 사라지고 짙은 초콜릿같이 보인다. 수심이 더 깊어지면 흡광량이 증대되어 외부 상공에서 보면 완전히 검은 물(Black water)이 되어 버린다. 유럽 흑해(Blak Sea)의 경우 육상에서 유입된 높은 DOM과 클로로필 농도로 인하여 대표적인 흑수라고 볼 수 있다. 우리나라 남해의 적조가 발생하였을 때 항공기에서 보면 간혹 흑수가 보이기도 한다. 또 다른 예로 **쿠로시오(Kuroshio) 난류**를 들 수 있다. 우리말로 번역하면 흑조(黑潮)라고 한다. 이 경우 흑조란? 연안의 밝은 해수와는 다르게 아주 짙은 검청색(deep blue)으로 상대적으로 검푸르게 보인다고 하여 붙여진 이름이다. 따라서 실제는 흑수가 아니다. 쿠로시오 난류에는 용존산소가 낮고 영양염 농도가 낮아 미생물 농도도 아주 낮다. 따라서 육지의 영향을 받지 않은 원해양의 바다의 원색이라 볼 수 있다.

5.1.7 발광 미생물(Bioluminescence)

발광 생물에 의한 해색 변화도 희소현상이지만 흥미로운 자연현상 중의 하나이다. 흔히 반딧불이, 조개물벼룩, 꼴뚜기 등이 있으며 수많은 미생물이 알려져 있다. 버섯 등 균류에서, 세균류, 쌍편모조류(*Dino-flagellate*) 및 와편모조류(*Pyrrhophyta*) 등이 있다. 와편모조류의 일종인 *Lingulodinium polyedrum*에 의한 푸른색 발광은 루시페린(luciferin)이라는 물질에 의한 것으로 반딧불의 발광물질과 같다. 이 루시페린이 산화되면서 발광하게 되는데 일반적으로 생물발광은 발광효율이 아주 높아 열을 발생하지 않는 냉광이다.

그림 5.13 몰디브 해안에서 관측된 발광 미생물(2014. 1. 23., 데일리 메일)

5.1.8 해수의 분류

해수의 기본은 물과 염분만 있는 경우이다. 그러나 아무리 원해양의 깨끗한 해수라도 미량이지만 광합성 미생물이 자라게 되고, 따라서 수색이 미약하게 변하기 시작한다. 지구에서 가장 투명한 바다를 들라면 대서양의 중심에 있는 사르가소(Sargasso Sea)를 말할 수 있다. 이곳에도 최저 CHL 농도는 $0.01{\sim}0.05mg/m^3$ 정도를 유지한다. 동해(East Sea)의 중앙이 $0.1{\sim}0.5$ 정도인 것을 고려하면 약 $1/5{\sim}1/10$ 수준이다. 반면 연안의 적조 발생 해역의 경우 그 농도는 $100mg/m^3$ 이상인 경우도 있다. 이러한 CHL 농도의 차이는 물속에 포함된 영양염의 양에 좌우된다. 따라서 수계 영양상태의 지수(Trophic State Index)로 사용되어야 할 인자는 질산염, 인산염, 규산염 등이 되어야 하나 실제 사용에 불편하므로 일반적으로 이러한 영양염의 총괄효과인 클로로필 농도 하나로 영양 level 분류에 사용한다. 일반적으로 다음 3단계로 구분한다(Morel, 1983). 이 분류 기준은 일부 생태학자(Shifrin, 1988)에 따라 혹은 육상 담수(Carson, 1996)에서는 그 범위가 다르게 분류되기도 한다. 저자의 의견으로는 Shifrin의 기준은 전반적으로 기준이 너무 낮게 분류된 것으로 사료된다.

표 5.2 영양단계별 해수의 분류기준

CHL 농도(mg/m³)기준		생태적 영양단계
Morel(1983)	Shifrin(1988)	
$0{\sim}0.3$	$0{\sim}0.1$	빈영양해(Oligotrophic water)
$0.3{\sim}3.0$	$0.1{\sim}0.5$	중영양해(Mesotrophic water)
3.0 이상$\sim$	0.5 이상$\sim$	부영양해(Eutrophic water)

5.1.8.1 CASE-I & -II 해수

Gordon & Morel(1983)은 해양원격탐사를 위한 해수의 광학적 분류기준으로 아주 단순하게 CASE-I 해수와 CASE-II 해수로 구분하였다. CASE-I 해수란 해양의 98% 이상을 차지하면서 해수중에서 물 이외에 해수의 광특성을 지배하는 것이 식물 플랑크톤과 그 외 생물기원 입자에 의하여 해색이 변화된 경우이다. 그 이외에 나머지 모든 경우를 CASE-II 해수라고 부른다. 대부분의 경우 연안해수가 여기에 해당될 것이고, 부유사, 용존유기물, 생물 부스러기 등이 광특성을 좌우하는 해수이다. 그러나 연안에서 식물 플랑크톤의 블룸(bloom)이 일어나 그 광학적 특성이 미생물에 의하여 지배될 경우에도 CASE-I 해수라고 볼 수 있다.

따라서 CASE-I 해수는 대부분 육지에서 멀리 떨어져 부유사의 영향을 거의 받지 않는 원해양이 해당될 것이다. 간혹 원해양의 맑은 해수라 할지라도 대기로 이동되어온 미네랄 입자가 많은 경우는 CASE-II 해수로 분류될 수 있다. 대표적 사례가 서해가 될 수 있다. 중국 내륙에서 대기를 타고 이동해온 황사가 서해에 낙하하여 간혹 이러한 성격을 보여준다. 보다 과학적인 접근법으로 Morel & Prieur(1977)은 다음과 같은 **CASE-I 해수**의 기준을 제시하였다.

$$[Chl] = A \cdot \rho(\lambda_1, \lambda_2)^B \tag{5.1}$$

상기 식에서 $\rho(\lambda_1, \lambda_2) = \dfrac{R(440)}{R(560)}$ 을 의미한다. 얻어진 경험식은 맑은해수 CASE-I 해수에서는 A= 1.92, B = -1.8을 얻었고 이 범위를 벗어난 해수에서는 A=1.62, B=-1.4를 얻었다.

Ahn et al.(2005)는 b(550)~[Chl] 그리고 TSS~b(500)의 관계를 활용하여 다음과 같은 상관식을 도출하였다.

$$TSS = [0.3 \pm 0.15] < CHL >^{0.62} \tag{5.2}$$

상기 식의 상수에 해당하는 최댓값인 0.45는 CASE-I과 CASE-II 해수를 나누는 중간선이 된다. 이내에 들어오면 CASE-I 해수라고 하였다. 그림 5.14는 한국 남해 해수의 성격을 알아보기 다양한 현장관측점 자료를 TSS-CHL 관계 그림을 그려본 것이다. 대부분의

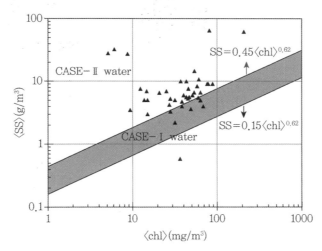

그림 5.14 CASE−I & CASE−II 해수의 특성을 구분할 수 있는 기준선. 그림에서 회색 영역이 CASE−I type 해수로 정의할 수 있다(Ahn et al., 2005)

CASE-II 해수의 범위에 들어가며 일부의 해수만 CASE-I 해수의 범주에 들어오는 것을 볼 수 있다. 따라서 남해수는 Mixed type 해수의 성격을 나타낸다고 볼 수 있다.

현재까지 해색위성원격탐사 기술에서 활용되고 있는 환경분석 알고리즘은 대부분 CASE-I 해수에서만 적용될 수 있다. NASA의 SeaDAS 소프트웨어(SW)에서 표준 클로로필 알고리즘인 OC-2 & OC-4 역시 CASE-I 해수에만 적용될 수 있다. 아직까지도 CASE-II 해수를 위한 해색원격탐사 기술개발은 난제 중의 하나이다. 대기보정기술에서부터 시작하여 수중 알고리즘 역시 큰 오차가 발생되고 있다. 이 문제 해결을 위하여 많은 연구자들이 매진하고 있으나 실용적인 면에서 적용되기에는 기술적 한계가 존재하고 있다. 미래에 이러한 기술적 한계가 완전히 극복된다면 더 이상 이러한 해수분류는 의미가 없어질 수 있을 것이다.

5.2 입자광학 이론

우리 주변에 있는 광산란이나 흡광에 미치는 입자는 분자 물질에서부터 대기에서는 에어로졸, 해양에서는 바이러스, 박테리아, 식물 플랑크톤 그리고 동물 플랑크톤의 순으로 나열해볼 수 있다. 그 외에도 무기입자 그리고 쇄설성 유기입자들이 존재하게 된다. 본 장에서는 해수중에 존재하는 유무기 입자들의 개별적인 수준에서 이론적으로 어떻게 광특성이 결정되는지와 실제 현장에 존재하는 입자들의 관측 결과를 보여주게 될 것이다.

5.2.1 기체 분자산란(Molecular Scattering Theory)

대기나 해수에 의한 분자 광산란은 환경광학에서 광의 전파(propagation)나 전달(transfer)을 이해하는 기본 메커니즘의 하나이고 복사선전달이론(Radiative transfer theory)의 핵심요소이다. 그리고 대기/해양 환경에서 IOP 광학적 특성의 기본 값이다. 환경 광학적으로 아주 중요하나 위성원격탐사 연구에서 주(main)는 아니다. 대기광학의 경우 아무리 해수광학 및 수중 알고리즘 기술이 잘 개발되어 있다 하더라도 대기에 의한 신호크기를 정확하게 계산하지 못하면 해수신호 추정에서 엄청난 오차를 유발하게 된다. 이것이 왜 여기서 대기 광산란을 알아야 되는지 그 이유가 된다.

공기분자(O_2, N_2, Ar, CO_2, …)와 대기중 수증기(H_2O)는 눈에는 보이지 않으나 이들이 자연에서 기본적으로 광학적 산란이나 흡광현상을 유발하고 있다. 물과 하늘이 푸른 이유는 이와 같은 분자산란 때문이다. 대기 광산란을 처음으로 연구한 과학자는 앞에서 언급하였듯이 영국의 레일리(Rayleigh) 경이다. 따라서 이 대기중 분자산란을 우리는 레일리 산란(Rayleigh scattering)이라고 한다. 여기서 한 가지 주의할 점은 대기 분자산란과 물분자 산란이 모두 같은 분자산란이지만 실제는 이론적으로 약간의 차이가 있다. 그러므로 다음의 레일리 산란 이론은 액체가 아닌 오직 가스분자 산란에만 국한한다.

그리고 일반 공기는 산란에만 영향을 주지만 오존은 고층대기에서 오직 흡광가스로 고려되는 물질이다.

5.2.1.1 레일리(Rayleigh) 산란

가스분자들은 다양한 전기장하에서 분자를 구성하고 있는 전자들이 진동을 하고 있다. 이러한 가스분자는 서로 불연속의 입자성 물질 구조를 만들고 여기에 복사선이 입사되면 입사된 파장과 동일한 파장으로 모든 방향으로 빛이 반사하게 된다(탄성충돌과 분자/원자의 불규칙 진동). 이것을 레일리 산란(1899)이라 하며, 이때 산란복사광과 입사복사광이 서로 간섭으로 인하여 입사광의 세기를 감쇄하거나 진행방향의 빛의 속도를 변화시킨다.

한 단위 체적에 N개의 기체분자들이 들어있는 곳에 파장 λ의 빛이 입사하고 여기서 Volume Scattering Function을 $\beta(\theta)$라고 가정하자.

〈가정〉

- 빛 산란 입자들의 크기는 빛의 파장과 비교하여 대단히 작다.
- 입자들과 매질은 전도체가 아니며 자신의 전기장을 갖지 않는다.
- 가스 입자의 굴절지수는 주변과 비교하여 너무 크지 않다.
- 입자들 간에는 상호작용이 없다.

〈결과〉

이 기체 분자 VSF 산란의 기본이론은 전자기학으로 다음과 같다.

$$\beta(\theta) = \frac{\pi^2 (n^2 - 1)^2}{2N\lambda^4} (1 + \cos^2\theta) \, [m^{-1}] \tag{5.3}$$

- N: 단위체적당 분자수(m^3)

- θ: 광자의 산란각

- n: 공기의 복합(실수 & 허수) 굴절지수

- λ: 입사광의 파장

- $(n^2-1)^2$: 광 진행과정에서 가스입자 n에 따른 편광도/분극성(p; Polarizability)을 나타내는 항으로 흡수지수인 n'(허수 부분)이 거의 0이므로 단순화된 것이다($n \sim$ 1.00028).

$$p = \frac{n^2-1}{n^2+2} \text{ (Lorentz-Lorenz formula)}$$

- $(1+\cos^2\theta)$: 산란광의 기하학적인 분포 특성을 나타내는 것으로 $\theta = 0$와 $\theta = 180°$에서 서로 대칭적인 모양을 보여준다(그림 5.15). 그리고 $\beta(90)$은 다음과 같이 주어진다.

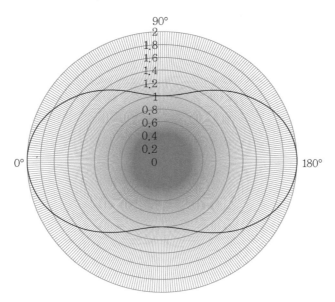

그림 5.15 식 (5.5)를 사용하여 원 좌표에 나타낸 Rayleigh 산란의 VSF 기본 모양, $(1+\cos^2\theta)$의 값

$$\beta(90) = \frac{\pi^2 (n^2 - 1)^2}{2N\lambda^4} \tag{5.4}$$

따라서 상기 식 (5.3)은 다음과 같이 간략하게 표현할 수 있다.

$$\beta(\theta) = \beta(90)\,(1 + \cos^2\theta) \tag{5.5}$$

만약 θ=0 혹은 180도이면;

$$\beta(0 \,\&\, 180°) = 2 \,\times\, \beta(90°) \tag{5.6}$$

로 얻어진다. 따라서 $\beta(\theta)$의 모양은 $\beta(90°)$을 중심으로 앞뒤 대칭이며 땅콩 껍질 모양을 나타낸다고 볼 수 있다. 이 식이 의미하는 바는 $\beta(\theta)$의 크기는 2개의 편광성분 $\beta(\perp)$와 $\beta(\parallel)$의 합으로 표현된다는 것이다. $\beta(\theta)$의 모양을 규격화한 후 그 크기를 보면, $\beta(\perp)$는 $\beta(90°)$으로 그 값은 일정하다. 그러나 $\beta(\parallel)$은 편광률과 $\cos^2\theta$의 함수로 변한다. $\theta = 90$에서 편광률은 최대가 된다. $\theta = 0$ 혹은 $180°$이면 편광성분이 "0"이다. 따라서 이들 방향의 산란광 세기는 90도의 2배가 된다는 의미이다.

여기서 물체의 경계면에서 일어나는 편광률(p)을 정의하면;

$$p = \frac{\beta_\perp - \beta_\parallel}{\beta_\perp + \beta_\parallel} = \frac{i_1 - i_2}{i_1 + i_2} \tag{5.7}$$

i_1과 i_2는 $90°$와 0 혹은 $180°$ 방향으로 편광된 광의 세기이다. 만약 $i_1 = i_2$이면 편광률은 "0"이다.

상기 식 (5.7)에서 실제 자연현상(물, 대기)에서 일어나는 편광 개념을 적용하면;

$$\beta(\theta) = \beta(90)\,(1 + p_{90}\,\cos^2\theta) \tag{5.8}$$

p_{90}은 수직방향으로의 편광률을 의미한다(공기-물의 경우 ~0.84, Morel, 1974).

위 식이 의미하는 또 다른 하나는 분자산란의 경우 $\beta(90)$을 알면 $\beta(\theta)$를 계산할 수 있다는 것이다.

5.2.1.2 레일리 총 산란계수(b_R)

위의 $\beta(\theta)$를 사용하여 대기의 공기분자에 의한 total b_R를 계산하면;

$$
\begin{aligned}
b_R &= 2\pi \int_0^\pi \beta(\theta)\sin\theta\, d\theta \\
&= 2\pi \int_0^\pi \beta(90)\,(1+\cos^2\theta)\sin\theta\, d\theta \\
&= 2\pi \beta(90) \int_0^\pi (\sin\theta + \sin\theta\cos^2\theta)\, d\theta \\
&= \quad '' \quad \left\{ (-\cos\theta)_0^\pi + \left(-\frac{1}{3}\cos^3\theta\right)\Big|_0^\pi \right\} \\
&= \frac{16}{3}\pi\,\beta(90)
\end{aligned}
$$

위 식에 $\beta(90)$을 대입하면

$$
= \frac{16\pi}{3}\frac{\pi^2(n^2-1)^2}{2N\lambda^4}
$$

$$
\boxed{b_R = \frac{8\pi^3(n^2-1)^2}{3N\lambda^4}}
\tag{5.9}
$$

를 얻는다. 이 식이 의미하는 바는;

레일리 산란의 세기는 파장의 λ^{-4}에 비례한다. 다시 말하여 파장이 짧을수록 아주 강한 산란이 일어난다는 것이다. 위 식에서 좀 더 고려되어야 할 부분은 공기의 굴절지수(n)이다. 이 n값($\simeq 1.0028$)은 실제 파장이 짧을수록 값이 증가하므로 실제 파장의 효과는 λ^{-4}보다는 좀 더 파장에 영향을 받게 될 것이다. 이에 대한 연구결과로 McCarteny

(1976)는 통계적으로 간략한 $b_R = c^{te} . \lambda^{-4.08}$ ($c^{te} = 0.00879$)란 결과를 얻는다. 이것이 바로 하늘의 색이 왜 단파장인 푸른색만 있는지 그 이유를 잘 설명하고 있다. 반면에 저녁에 태양을 바라보면 붉게 보이는 이유는, 파장이 짧은 단파장은 크게 산란해버리고 파장이 긴 붉은색만 대기를 통과하여 우리 눈에 들어오기 때문이다.

위에서처럼 대기의 편광률을 적용한 b_R를 계산하면;

$$
\begin{aligned}
b_R &= 2\pi \int_0^\pi \beta(\theta) \sin\theta \, d\theta \\
&= 2\pi \int_0^\pi \beta(90) \left(1 + p_{90} \cos^2\theta\right) \sin\theta \, d\theta \\
&= \frac{4\pi}{3} \beta(90) (3 + p_{90})
\end{aligned}
$$

$$
b_R = \frac{4\pi}{3} \beta(90) (3 + p_{90}) \tag{5.10}
$$

로 주어진다.

현재까지 전개한 레일리 이론은 대기 가스는 완벽한 쌍극자(Perfect dipole)이며, 광학적 산란에서 등방성(Isotropy: 빛이 물질 내부를 투과할 때 방향에 관계없이 굴절률이 같은 경우)이라고 가정하고 있다. 그러나 1920년 레일리는 수정된 이론을 발표한다. 실제 공기분자는 아르곤(Ar) 등 단원자 분자를 제외하고 2개 혹은 3개의 원자가 결합하여 만들어지므로 전기적으로 완벽한 쌍극자가 되지 않는다. 이로 인한 광산란의 비등방성(非等方性)이 존재하게 된다. 이것이 산란을 더욱 크게 강화하는 요소가 되는데, 이를 **이방성(異方性) 인자**(Anisotropy factor)라고 부른다. 이 f값은 항상 산란을 강하게 하는 쪽으로 작용하며 다음과 같이 주어진다 .

$$
f(\delta) = \frac{6 + 6\delta}{6 - 7\delta} \quad \text{(Cabannes, 1929)} \tag{5.11}
$$

(δ값: 0.039, Jonasz & Fournier 2007)

여기서 δ는 탈분극성(depolarization) 인자로 $\delta = \dfrac{1-p}{1+p}$, 그리고 p는 분극성 (polarizability) 인자로 $p = \dfrac{1-\delta}{1+\delta}$ 이다. Morel(1974)은 $1.02 < f < 1.03$을 제안하였다.

따라서 대기의 $\beta(90)$은 공기분자의 이방성 특성에 의한 수정(f값)에 의하여 이상기체보다 약 6% 정도 그 산란이 세어진다.

$$\beta(90)_{aniso} = \beta(90)_{iso} \times f(\delta) \ \ (f = 1.061) \tag{5.12}$$

5.2.1.3 레일리 산란의 위상함수(Phase function / $P(\theta)_R$)

앞 장(4.3.5)에서 언급하였듯이 phase function(P)은 다음과 같이 정의된다.

$$P(\theta) = 4\pi \cdot \overline{\beta}(\theta) \ \ \text{그리고} \ \ \overline{\beta}(\theta) = \frac{\beta(\theta)}{b}$$

따라서

$$
\begin{aligned}
P(\theta)_R &= 4\pi \cdot \frac{\beta(\theta)}{\dfrac{16\pi}{3}\beta(90)} \\
&= 4\pi \, \frac{3}{16\pi} \, \frac{\beta(\theta)}{\beta(90)} \\
&= \frac{3}{4}(1 + \cos^2\theta)
\end{aligned}
$$

VSF을 산란계수(b)로 규격화하면 $\overline{\beta}(\theta)$의 값은 다음과 같다.

$$\boxed{\overline{\beta}(\theta)_R = \frac{P(\theta)_R}{4\pi} = \frac{3}{16\pi}(1 + \cos^2\theta)} \tag{5.13}$$

5.3 액체 분자산란 이론

가스분자에서 레일리 산란은 분자들이 완벽한 쌍극자로 분자들 간의 서로 독립이어야 한다는 가정을 하였다. 그러나 실제 액체인 경우 분자들 간에 상호인력(van-der-Waals force)이 작용하게 된다. 이 힘은 광산란을 약하게 하는 원인이 된다. 예를 들면 수증기와 물의 광산란계수를 비교하면 물이 훨씬 약하다. 따라서 가스분자의 산란이론을 액체인 물에 적용하는 것은 합당하지 못하다. 이를 극복하기 위하여 개발된 이론이 굴절률의 변동(Fluctuation of refractive index) 이론이다. Smoluchowski(1906)와 Einstein(1905)은 통계적 열역학 이론을 사용하여 서로 완전히 다른 접근으로 이 이론을 완성하였다. 초기의 연구는 콜로이드의 우유빛 같은 광산란을 설명하기 위하여 시작되었다.

이 이론의 가정은 다음과 같다.

솔벤트(Solvent)와 같이 완벽한 비전해질인 한 액체 내부의 분자들을 가정해보자. 이들 분자들은 아주 불규칙하게 움직이고, 따라서 내부에 아주 작은 부피(ΔV)들의 분자밀도(ρ)가 부분적으로 변하게 된다. 당연히 부분적으로 빛의 굴절지수(n)의 변화가 따르게 된다. 그리고 ΔV는 파장에 비하여 아주 작아야 하지만 통계 열역학 이론을 적용할 수 있을 만큼 충분히 커야 한다. 이와 같이 물질 내부의 물질의 분자밀도의 변화가 액

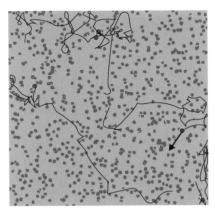

그림 5.16 액체 분자의 운동을 나타낸 영상. 이 분자의 불규칙 운동(브라운 운동이라 불림)으로 물질 내부의 분자밀도 소밀(疎密)이 만들어지며 광산란의 기본 원인이 된다

체의 광산란 이론이 기본 메커니즘이라는 가정으로부터 시작한다(그림 5.16 분자운동 참조).

Smoluchowski & Einstein의 통계 열역학(Statistical thermodynamics) 이론으로 액체의 $\beta(90)$은 다음과 같이 주어진다.

$$\beta(90)_{iso} = \frac{\pi^2}{2\lambda_0^4} \triangle V < \overline{\triangle \varepsilon} >^2 \tag{5.14}$$

위에서 $\triangle V$는 물질 내부에서 아주 미소한 단위체적, $<\overline{\triangle \epsilon}>^2$은 평균 유전체 상수($\varepsilon$)의 제곱값, λ_0는 진공에서 빛의 파장이다. 이 유전상수의 변동은 액체의 밀도(ρ)의 변동으로 연결하여 다음과 같은 결과를 얻는다.

$$\beta(90)_{iso} = \frac{\pi^2}{2\lambda^4} K.T.\rho^2.\beta_T \left(\frac{dn}{d\rho} \right)^2 \tag{5.15}$$

여기서 K는 볼츠만 상수, T는 절대온도, β_T는 등온-단열 압축계수, ρ는 액체밀도, ε은 유전상수이지만 동시에 $\varepsilon = n^2$의 관계가 성립한다. 그 외에도 상기식의 유도과정에는 아래와 같은 이론-경험적인 식이 사용되었다.

- Lorentz-Lorenz의 식: $\dfrac{n^2-1}{n^2+2} \dfrac{1}{\rho} = C^{te}$ (5.16)

- Gladstone-Dale 식: $\dfrac{n-1}{\rho} = C^{te}$ (5.17)

결국 분자산란에서 레일리 이론과 밀도변동 산란 이론을 비교하면 다음과 같은 차이와 유사점이 있다.

표 5.3 2가지 분자산란의 이론 비교

비교 항	광산란 기작	
	레일리 이론	밀도변동 이론
적용물질	가스분자	액체(물, 솔벤트 등)
광자와 상호작용	진동하는 분자와 전자와의 탄성충돌	분자들의 불규칙 운동으로 인한 액체 내부에서 미소 밀도/굴절률 변화
b와 λ관계	$b \propto \dfrac{1}{\lambda^{-4}}$	$b \propto \dfrac{1}{\lambda^{-4.32}}$
기본 가정	입자의 크기 $\ll \lambda$ 분자 간 상호작용 없음	입자의 크기 $\ll \lambda$

5.3.1 물분자 산란

상기 식을 물에 적용하기 위하여 $dn/d\rho$ 항이 열역학적인 표현으로 적합한 식으로 변경이 필요하며 편미분인 $\dfrac{\partial n}{\partial P}$ 로 치환하면;

$$\beta(90)_{iso} = \frac{2\pi^2}{\lambda^4} K.T.n^2 . \frac{1}{\beta_T}.\left(\frac{\partial n}{\partial P}\right)_T^2 \times f \tag{5.18}$$

$\dfrac{\partial n}{\partial P}$ 항은 β_T와 마찬가지로 온도(T)를 고정한 후 실험으로 측정되는 값이다.

f는 위에서 이미 언급하였듯이 물분자의 이방성(anisotropy) 상수로 "Rocard-Cabannes factor"라고 부른다(Rayleigh scattering 참조). 식에서 보듯이 산란의 기본적인 크기는 λ^{-4}에 비례하는 것이다.

그러나 n의 값이 실제 파장 λ에 따라 변하므로 파장의 영향은 더욱 강화되어 나타난다.

$$b_w = c^{te} \lambda^{-4.32} \ / H_2O \tag{5.19}$$

$$b_{solvent} = c^{te} \lambda^{-4.7} / Benzene \tag{5.20}$$

Kerker(1969)는 물의 분극성(p)을 고려하여 좀 더 단순화한 $\overline{\beta}(\theta)$를 다음과 같이 수식화하였다.

$$\overline{\beta}(\theta)_w = \frac{3}{4\pi(3+p)}\,(1 + p \cdot \cos^2\theta) \tag{5.21}$$

총 b를 계산하면;

$$b_w = 2\pi \int_0^\pi \beta(\theta)\sin\theta\,d\theta \tag{5.22}$$
$$(\beta(\theta) = \beta(90)\,(1 + p\cos^2\theta)$$

$$b_w = \frac{4\pi}{3}\,\beta(90)\,(3 + p_{90})$$

위에서 물의 p_{90}은 약 0.84 정도이다. 마찬가지로 $\beta(0\,\&\,180)$의 값은 $\beta(90)$의 약 2배이다.

5.3.2 해수에 의한 산란

상기 이론은 결국 순수 액체와 물의 분자산란에 대한 이론을 나타낸 것이다. 여기에는 어떤 외부 유입 입자도 없는 화학적으로 순수 액체의 경우이다. 이제는 물에 다양한 염(salt)이 녹아있는 해수의 경우는 어떻게 될까? 아마 그 자체 값보다는 순수 물과 비교하여 어느 정도 더 클까 하는 것이 흥미 있는 결과일 것이다. 이론적으로 보면 해수 내에는 많은 전해질 염들이 용해되어 있고 이 염들은 다시 양이온(Na^+, Mg^{2+}, $Ca^{2+}\cdots$)과 음이온(Cl, $SO_4{}^{2-}\cdots$)으로 이온화되어 있다. 경우에 따라서는 이온화되지 않는 물질도 녹아있을 수 있다. 기본적인 이론(Stockmayer, 1950)은 밀도변동(fluctuation n) 이론과 같다. 다만 추가 고려되어야 할 점은 다음 2가지이다.

- 물 분자 외 새로운 입자로 들어온 물질 혹은 양이온과 음이온의 Mol 농도(C, molality)

  에 따른 굴절률의 변동: $\left(\dfrac{\partial n_i}{\partial C_i}\right)_{T,P,m}$

- 이온별 밀도의 변동에 따른 굴절률의 변동: $\left(\dfrac{\partial n_i}{\partial \rho_i}\right)_{T,P,\mu}$

다음은 Debye(1944)에 의한 연구 결과이다. 비전해질 액체 분자산란의 기본 산란 $\beta(\theta)_{solvent}$: 해수의 $\beta(\theta)_{sw}$의 비 값을 $\Re$이라 정의하면;

$$\Re = \frac{\beta(\theta)_{sw}}{\beta(\theta)_{solvent}} = H\frac{M}{\nu}C \qquad (5.23)$$

$$\beta(\theta)_{sw} = \beta(\theta)_{solvent} \times \Re \qquad (5.24)$$

로 표현이 가능하다. 여기서 M은 녹은 전해질 물질의 분자량, ν는 ΔV 내의 이온수, C는 용해된 물질의 이온농도(g/g), H는 액체산란 이론에서 λ^{-4}에 비례하는 항을 포함한 나머지의 모든 변수를 내포하고 있다.

$$H = \frac{2\pi^2}{\lambda_0^4}\frac{n_0^2}{N_A}\left(\frac{\partial n}{\partial C}\right)_{P,T}^2 \qquad (5.25)$$

상기 식에서 n_0는 순수 솔벤트의 굴절률, N_A는 아보가드로 수(Avogadro number), λ_0는 솔벤트에서 빛의 파장, $\partial n/\partial C$는 실제 C에 따른 n의 변화가 거의 없으므로 상수로 볼 수 있다. 결국 H는 상수로 볼 수 있는 항이다. 위 식들을 활용하면 모르는 용액의 분자량을 광산란의 크기로 알아낼 수 있다.

Morel(1974)의 연구에 의하면 해수(38.4‰)는 순수보다 약 20% 정도 광산란이 더 강하다고 하였다. Boss & Pegau(2001)는 Morel의 실험 자료를 활용하여 다음과 같은 결과를 도출하였다.

$$\beta(\theta)_{sw} = \beta(\theta)_{pw}\left(1 + \frac{0.3}{38.4}S\right) \tag{5.26}$$

그림 5.17은 위 식으로 얻어진 모델 값과 해수와 순수의 파장에 따른 $\beta(90)$의 측정값을 나타낸 것이다.

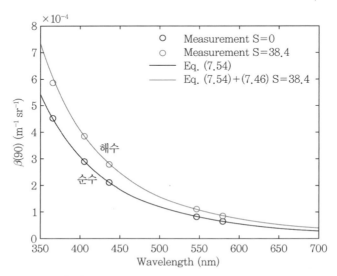

그림 5.17 순수와 해수의 $\beta(90)$을 나타낸 결과. 해수의 VSF의 크기가 파장에 따라 18~20% 정도 큰 값을 보여준다

실제 해수에서의 산란계수는 상기 분자산란 이론에 의한 값보다는 훨씬 크다. 그 이유는 해수는 광학적/화학적으로 순수하지 못하고 수많은 미생물/무기입자들이 들어있다. 따라서 실제 해수에서 총 광산란 크기는 물의 분자산란보다 훨씬 크므로 해수중 부유하는 입자들의 광산란 이론이 필요하다. 즉, 입자의 크기가 광 파장에 비하여 훨씬 큰 경우에 대한 이론을 다음에서 알아보겠다.

5.4 일반 미세입자 산란 이론

이미 제1장에서 간략한 설명이 되었다. 한 매질 내에 눈으로 보일 수 있는 크기의 입자들은 입사광의 파장에 비하여 비슷하거나 훨씬 큰 경우이다. 대부분의 자연환경에서 발생하는 광산란 현상이 여기에 해당된다고 볼 수 있다. 대기중의 미세먼지나 에어로졸에 의한 것과 해수에서 부유사와 미세조류 등에 의한 광산란이 모두 해당된다. 이것은 Mie(1908) 이론의 기본이 밀도변동 분자산란이 아닌 다른 기하광학적인 접근으로 산란 이론을 설명하려는 이유이다. 즉, 분자산란은 분자라는 많은 입자들 중으로 광자가 통과하면서 분자들의 소멸 현상으로 산란(굴절)이 발생한다는 것이고, Mie 이론은 입자가 광자보다 충분히 크므로 굴절률이 다른 입자들 내부로 광자가 통과하면서 기하광학적인 산란이 발생한다고 보는 것이다. 그리고 광자가 입자와 보다 단순한 광산란 현상(굴절, 회절 & 반사)을 계산하기 위하여 원형이라는 가정을 하였다. 동시에 Mie 이론은 Maxwell의 전자파 전파이론에 그 기본을 두고 있다. 따라서 이 이론의 기본 가정은, 모든 입자는 광자와 전자기적 상호작용이 없어야 한다는 것을 내세웠다. 입자들이 전자기장을 형성하지 않으려면 입자는 전기적으로 부도체이어야 할 것이다. 이것이 입자가 완벽한 유전체(dielectric substance, 비전도성 물질)이어야 한다는 조건을 요구하는 이유이다.

그리고 대기나 해수에서 입자들의 모양은 원형이 아닌 것도 있을 수 있으나 이들의 다양한 모양이 광자들에게 노출된 것이 평균적으로 모두 원형으로 인정하여도 문제는

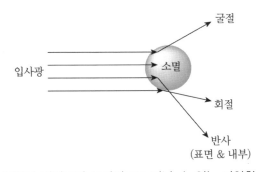

그림 5.18 한 입자에 투입된 광자들이 물리적으로 만날 수 있는 다양한 과정들

없을 것이라는 가정을 포함한다.

    Mie 이론의 계산 입력 자료는;

- 입사광의 파장(λ)

- 입자의 파장에 대한 상대적 크기($\alpha = \pi d / \lambda$)

- 입자의 상대 복합 굴절률($m = n - in'$, 실수부 & 허수부)을 필요로 한다.

기본조건으로는;

- 입자는 구형이며 내부는 균질이다.

- 입자는 전기적으로 중성이며 전하를 갖지 않는다.

- 에너지적으로 안정된 물질이다.

- 자체 방출하는 방사 에너지는 무시 가능하다.

5.4.1 Mie 산란

    Maxwell의 전자파 전달이론을 광의 진행에 적용한 것으로, 비흡수 매질 내에 있는 한 입자에 입사한 광의 산란이론에 적용한 것이다. 그리고 입자는 매질 자체의 유전체와는 다른 특성을 갖고 있으며, 입사한 광에너지의 일부는 흡수되고, 일부는 원래의 입사광의

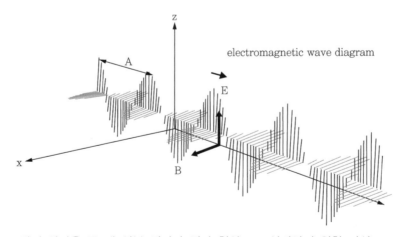

그림 5.19 빛의 산란을 두 개 성분 전자파 전파 현상으로 설명하기 위한 가상도

파장과 변화 없이 모든 방향으로 재방사(산란)된다. 즉, 한 유전체 입자에 입사한 평면 전자파(광)의 재방사로 전기장과 자기장의 세기가 서로 반대로 작용면서 전파하듯이 입사광은 광의 진행방향에 대하여 서로 수직으로 진동하는 두 개의 광 성분으로 구분할 수 있다(그림 5.19 참조).

Mie(1908) 해(solution)는 정확하게 이 두 진폭의 크기를 계산할 수 있게 한다. 입자의 크기 α, 굴절지수 m에 입사한 광에 대하여, 방향 θ로 수직방향의 산란광 성분 진폭을 $S_1(\perp)$, 수평성분 진폭을 $S_2(\parallel)$ (이들은 복소수임), 그리고 산란광의 세기를 i_1, i_2라고 하면;

$$i_1(\theta, \alpha, m) = S_1(\theta) \cdot S_1^*(\theta)$$
$$i_2(\theta, \alpha, m) = S_2(\theta) \cdot S_2^*(\theta)$$

(5.27)

위에서 $S_1^*(\theta)$는 $S_1(\theta)$의 공액복소수(conjugate complex number)이고, i는 단위가 없는 값이다.

그리고 다음과 같이 수렴(Convergent)하는 그 식으로 표현된다.

$$S_1(\alpha, m, \theta) = \frac{\lambda}{2\pi} \sum_{n=1}^{\infty} \frac{2n+1}{n(n+1)} [a_n \pi_n(\cos\theta) + b_n \tau_n(\cos\theta)]$$

(5.28)

$$S_2(\alpha, m, \theta) = \frac{\lambda}{2\pi} \sum_{n=1}^{\infty} \frac{2n+1}{n(n+1)} [b_n \pi_n(\cos\theta) + a_n \tau_n(\cos\theta)]$$

- S_1, S_2: 직교하는 산란광의 진폭을 나타내는 값.

- a_n, b_n: 수학적으로는 Bessel & Hankel 함수로 얻어지며, Mie 계수(복소수임)라고 불린다.

- n: Bessel 함수에서 수렴(收斂, convergence) 차수(次數). 1~∞까지의 값을 가질 수 있으며 입자의 크기가 클수록 증가한다. 플랑크톤 미생물일 경우 대체로 10~1000 사이의 값을 나타낸다. 이것이 컴퓨터에서 연산시간을 좌우하는 주요 변수이다.

- π_n, τ_n: 오직 산란각 θ의 함수이며, 다음의 다항식(Polynomial)으로 표현이 된다.

$$\pi_n = \frac{1}{\sin\theta} P'_n(\cos\theta)$$

P'_n: $\cos\theta$에 대하여 차수 n으로부터 유도되는 다항식

$$\tau_n = \frac{d}{d\theta} P'_n(\cos\theta)$$

이제 산란광의 진폭(S_1, S_2)는 미분형 유효단면적($d\sigma$)으로 표현이 가능하다.

$$d\sigma = \frac{1}{2} S.S^* d\omega \tag{5.29}$$

상기 식으로부터 산란(b) 및 감쇄(c)의 유효단면적을 구하면;

$$\sigma_b = \frac{\lambda^2}{2\pi} \sum_{n=1}^{\infty} (2n+1)(|a_n|^2 + |b_n|^2) \tag{5.30}$$

$$\sigma_c = \frac{\lambda^2}{2\pi} \sum_{n=1}^{\infty} (2n+1) Re(a_n + b_n)$$

"Re"는 Mie 계수의 실수부를 의미한다.

상기 식으로 Efficiency factor(Q)를 구하기 위하여;

$$\alpha = \frac{2\pi r}{\lambda}$$

$$\alpha^2 = \frac{4\pi r^2}{\lambda^2} \cdot \pi$$

$$\frac{1}{s} = \frac{4\pi}{\lambda^2 \alpha^2} \quad (s = \pi r^2 \text{이므로})$$

$$Q = \frac{\sigma}{s}$$

다음과 같은 결과를 얻는다.

$$Q_b(\alpha, m) = \frac{2}{\alpha^2} \sum_{n=1}^{\infty} [|a_n|^2 + |b_n|^2] \tag{5.31}$$

$$Q_c(\alpha, m) = \frac{2}{\alpha^2} \sum_{n=1}^{\infty} Re[a_n + b_n]$$

Q_a는 $Q_c - Q_b$로 계산이 될 수 있다.

컴퓨터에서 상기 식은 아주 느리게 수렴이 이루어지므로 시간이 많이 소요된다. 일반적으로 입자 크기와 수렴이 되는 차수(n)는 $n=1.2\alpha$라는 관계가 성립된다. 식물 플랑크톤의 경우 $\alpha = 1000$ 정도이므로 $n=1200$이 된다.

만약 입자에 입사하는 광이 편광이 아니고 산란광의 편광효과를 무시한다면 총 산란광의 세기(i_T)는 다음과 같이 단순하게 표현할 수 있을 것이다.

$$i_T(\theta) = \frac{i_1(\theta) + i_2(\theta)}{2} \tag{5.32}$$

그리고 단위가 없는 VSF($\overline{\beta} = \beta/b$)을 이용하면;

$$\overline{\beta}(\theta) = \frac{i_T(\theta)}{\pi Q_b \alpha^2} \tag{5.33}$$

Mie 계산 결과로 Q_{bb}를 바로 얻을 수는 없다. 위에서 얻어진 $i_T(\theta)$를 이용하여 다시 계산이 수행되어야 한다.

$$Q_{bb}(\alpha, m) = \frac{1}{\alpha^2} \int_{\pi/2}^{\pi} [i_T(\theta, \alpha, m)] \sin\theta \, d\theta \tag{5.34}$$

Mie 이론의 결과를 정리해보면, 매질 중의 입자의 크기 α, 굴절지수 m을 알면, 이들 입자에 의한 $\beta(\theta)$(VSF)와 입자의 흡광, 산란, 감쇄 및 역산란의 광 효율인자(efficiency factor, Q_a, Q_b, Q_{bb})를 얻을 수 있다. 이 이론의 조건에서 입자의 상대적 크기를 제한하고 있으나 실제 적용하여 보면 모든 입자의 크기에 적용 가능하다는 결론을 얻을 수 있다. 만약 입자의 크기를 공기분자 크기로 하여 계산하여 보면 정확하게 Rayleigh 결과와 일치한다. 상대적으로 아주 큰 입자를 취하면 회절현상이 증가하면서 역시 실험결과와 잘 일치한다. 이 사실은 Mie 이론이 모든 크기 입자에 적용이 가능하다는 것을 보여준다.

다음 그림 5.20은 Mie 이론을 이용하여 식물 플랑크톤의 $\overline{\beta}(\theta)$를 계산한 결과를 보여준다. 입력은 단일 크기(α=12, 반경 $\simeq$ 1μm)의 입자를 가진 경우(실선)과 다양한 입자크기(LN: log normal 분포)를 가진 경우(점선)이며 복소굴절지수(m)는 실수부 1.035와 허수부 0.01과 0인 경우를 구분하여 계산한 것이다. 단일 입자의 경우 산란각도에 따라 세기가 아주 예민하게 변하는 양상을 보여주지만 다양한 입자크기를 가진 경우는 이런 효과가 서로 상쇄되어 아주 smooth한 변화를 보여준다. $\overline{\beta}(180)$ 후방 산란의 세기는 전방

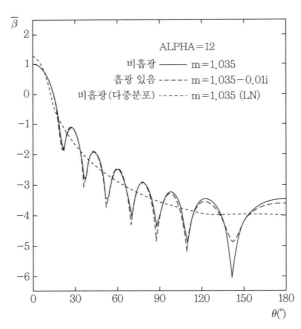

그림 5.20 식물 플랑크톤을 가정하여 Mie 계산에 의한 $\overline{\beta}(\theta)$ 의 결과. ······ 점선은 입자크기 분포가 단일크기 입자분포(Mono–dispersion)인 경우이며, ----- 점선은 다양한 크기의 입자분포 (Poly–dispersion)를 갖는 경우이다(Morel & Bricaud, 1986)

$\bar{\beta}(0)$에 비하여 약 10^{5} 정도의 크기임을 보여준다. 이 진동하는 광은 산란광과 반사광의 상호 간섭으로 인하여 발생하는 것으로 알려져 있다.

　　Mie 이론이 실측치와 잘 맞는가? 하는 논란은 많은 광학자들에 의하여 이미 잘 증명되었다고 볼 수 있다. 그림 5.21은 Chami et al.(2006)이 단일 크기의 폴리스티렌 표준 입자(bead)들을 사용하여 얻어진 결과이다. 단일 크기의 입자이므로 각도에 따라 산란광 세기가 요동하는 현상까지 잘 일치하고 있다. 그 외 해양 조류 미생물 및 박테리아를 사용하여 측정한 결과 이론치와 잘 맞는다고 연구된 결과도 있다. 따라서 Mie 이론은 이제 논란의 여지가 없다고 볼 수 있다.

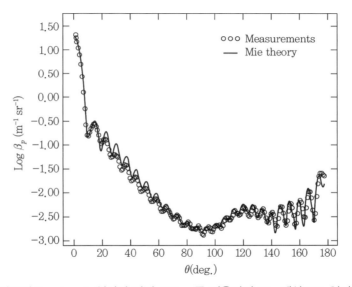

그림 5.21 입자크기 3μm bead, 입사광 파장 490nm를 이용하여 Mie 계산으로 얻어진 VSF 계산값과(−) 실험실에서 실측값(∘)을 비교한 결과(Chami et al., 2006)

5.4.2 Van de Hulst 이론

　　Mie 이론에 의한 입자 광산란은 그 계산과정이 아주 복잡하고 계산 시간도 아주 오래 소요된다. Van de Hulst(1957)[11]는 Mie 이론에서 입자의 굴절지수가 매질(해수의 경우

1.35)과 거의 유사한 경우라는 한 가지 조건을 더 줌으로써 Q-factors가 아주 간략한 수식으로 표현될 수 있음을 연구하였다. 이 이론을 "**Van de Hulst의 가정**(Approximation)" 혹은 "**비정상 회절의 가정**(Anomalous Diffraction Approximation)"이라 한다.

일반적으로 미생물 조류의 해수에 대한 상대굴절률($n = n_{bio}/n_w$) 값이 1.02~1.05 정도이므로 이 이론은 해수중에 부유하는 미생물의 상황과 아주 적합하다고 볼 수 있다. 반면 대기중의 에어로졸 입자들의 공기에 대한 상대굴절률은 약 1.5이므로 이 이론을 적용할 수 없다.

대기 및 해수중에 볼 수 있는 입자들의 절대 굴절지수를 보면,

$$n_{air} = 1$$
$$n_{water} = 1.33 \, (\text{해수인 경우} 1.35)$$
$$n_{aerosol} \sim 1.5$$
$$n_{hydrate} \sim 1.34$$
$$n_{mineral} \sim 1.5$$
$$n_{silica} \sim 1.48$$
$$n_{CaCO_3} \sim 1.55$$

연구를 전개하기 전에 먼저 정의되어야 할 내용은, 우선 입자들이 해수라는 매질에 부유하고 있는 상태로 가정한다. 따라서 입자들의 모든 광학적 변수들은 이 해수에 대하여 상대적인 값으로 표현되어야 할 것이다. 입자의 상대적 크기(α)는,

$$\alpha = \frac{\pi d}{\lambda_w} \quad \text{그리고} \quad \lambda_w = \frac{\lambda_{air}}{n_w} \text{로 정의된다.}$$

입자 물질(s)의 상대 굴절지수(m)는;

$$m = \frac{n_s - i n_s{}'}{n_w - i n_w{}'}$$

---

11 독일의 천문학자 & 수학자(1918~2000)

실제 물의 흡광지수인 허수부분은 장파장이라도 아주 그 값이 2×10^{-8}으로 아주 작은 값으로 무시 가능하므로,

$$m = \frac{n_s - in_s{'}}{n_w} = n - in' \text{로 표현할 수 있다.}$$

여기서 $n = \frac{n_s}{n_w}$, $n' = \frac{n_s{'}}{n_w} = \frac{a_s \lambda}{4\pi n_w}$ or $\frac{a_s \lambda_w}{4\pi}$

a_s는 물질 내부에서의 흡광계수이다. 일반적으로 a_i로 표시한다. 만약 $m=1$이면 입자는 물속에서 완전 투명체로 더 이상 산란도 흡광도 없는 보이지 않는 상태가 된다. 이제 $(n-1) \neq 0$이면 이때부터 산란의 세기는 입자의 크기와 $(n-1)$ 값에 따라 좌우된다. 따라서 이 두 변수를 동시에 연결한 새 변수(ρ)를 도입하는 것은 당연하다.

$$\rho = 2\alpha(n-1) \tag{5.35}$$

이 ρ의 의미는 광자가 입자 내부를 통과하는 동안 외부 물에 비하여 지연되는 위상차를 의미한다. 이제 새로운 변수를 정의 해보자. 즉, 광자가 입자 내부를 통과하는 동안의 흡광에 대한 광학적 두께를 유사하게 ρ'이라 정의하면,

$$\rho' = a_i d \tag{5.36}$$

앞에서 정의된 α와 n'으로 얻어진 a_s와 d를 대입하면,

$$\rho' = 4\alpha n' \tag{5.37}$$

$$\text{그리고 } \frac{\rho'}{\rho} = 2\frac{n'}{n-1} \quad (= 2\tan\xi \text{로 정의})$$

$$\rho' = 2\rho\tan\xi \tag{5.38}$$

결국 ρ'과 α는 입자의 흡광특성을 좌우하는 변수가 된다는 것을 의미한다.

위 변수들을 사용하여, 주어진 입자의 직경을 d, 광학적 상대 굴절지수를 n, 흡광지수를 n'이 해수(굴절지수 n_w)에 부유하는 경우, 이때 Van de Hulst 이론에 의한 흡광과 산란 Q-factor의 값은 다음과 같이 주어진다.

$$Q_a(\rho) = 1 + \frac{\exp(-2\rho\tan\xi)(2\rho\tan\xi + 1) - 1}{2\rho^2\tan^2\xi} \tag{5.39}$$

위 식 Q_a를 ρ'의 함수로 표현하면,

$$Q_a(\rho') = 1 + 2\frac{\exp(-\rho')}{\rho'} + 2\frac{\exp(-\rho') - 1}{\rho'^2} \tag{5.40}$$

$$Q_c(\rho) = 2 - 4\exp(-\rho\tan\xi)\left[\frac{\cos\xi}{\rho}\sin(\rho - \xi) + \left(\frac{\cos\xi}{\rho}\right)^2 \cdot \cos(\rho - 2\xi)\right] +$$

$$4\left(\frac{\cos\xi}{\rho}\right)^2\cos2\xi \tag{5.41}$$

$$Q_b(\rho) = Q_c(\rho) - Q_a(\rho) \tag{5.42}$$

ρ는 위상의 지연 "Phase lag"라 불리며 물리적 의미는 광이 굴절률 n인 입자를 통과하는 동안 주변 매질보다 지연되는 위상차를 의미한다. 이것은 위의 ρ'(흡수에 의하여 지체되는 optical thickness)과 유사한 의미를 갖는다. 그림 5.23은 위 식 (5.41)을 이용하여 $Q_c(\rho)$의 값을 계산한 것이다.

Van de Hulst 이론을 도출한 결과를 보면,

- 평면 판에 작은 구멍을 빛이 통과하면 구멍의 경계면에서 빛의 회절이 발생할 것이다. 이때 회절(산란)되는 빛의 양은, 이 구멍의 크기와 같은 입자가 있는 경우 이 입자의 주변에서 회절로 생기는 광산란의 크기와 같다. 동시에 회절된 광에너지의 양은 이 입자의 단면에 입사한 총 광에너지의 크기와 같다.

- $Q_a = 0$, 즉 입자에 의한 흡광이 전혀 없는 경우를 가정하자. 이 입자에 입사되는 광에너지의 크기를 1이라 하면, 회절로 산란된 에너지와 입자표면에 직접 충돌하여 반사되는 에너지가 존재하게 된다. 따라서 총 산란된 광에너지는 회절과 반사된 에너지로 입사된 광의 2배의 에너지가 산란하게 된다. 즉 입사된 에너지보다 훨씬 큰 에너지를 소모하였다고 하여 이것을 Paradox of extinction이라 하며, **Babinet's Principle**이라 한다. 그 외에도 입자를 직접 통과하면서 생기는 굴절에 의한 산란광도 있으므로, 이 경우는 $Q_a = 0$, $Q_b = 2 +$ Oscillation term이 된다. 만약 $\rho = \infty$이면 $Q_b = 2$가 된다.

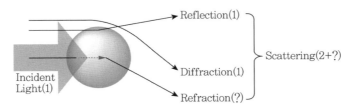

그림 5.22 Babinet's 원리. 입자 단면에 입사된 에너지의 2배 이상이 산란됨을 설명한다. ( ) 내부의 수치는 해당 기작의 광에너지의 크기를 말한다

- $Q_a \neq 0$ 이면,

  Q_c의 중앙 값은 2를 유지하나 ρ와 ξ의 값에 따라 진동 항이 변하게 된다. Q_a 값은 ρ'의 값에 따라 점진적으로 증가하게 되나 Q_c에 영향을 미치어 진동 항은 점차 둔해지게 된다.

- $Q_a = 1$, 완벽한 흑체의 입자를 가정해보자. 이 입자에 입사된 광은 모두 흡광되어질 것이다. 따라서 $Q_a = 1$이 된다. 동시에 입자 주변에서 회절/반사로 인한 산란이 $Q_b \simeq 2$이 되므로 Q_c는 최대 3까지 이르게 된다. 이 이론은 실제 실험실 측정에서 잘 증명되고 있다.

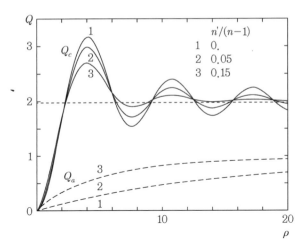

그림 5.23 Van de Hulst 이론을 이용하여 계산한 $Q_a(\rho)$와 $Q_c(\rho)$의 결과.
1, 2, 3은 Van de Hulst 이론에 입력한 변수 $\tan\xi$의 값을 달리한 것임

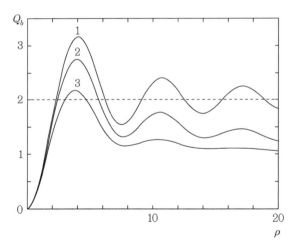

그림 5.24 그림 5.23과 같으나 Q_b를 계산한 결과. 흡광이 없는 "1"은 $Q_b = 2$ 주변을 진동하는 양상을 보여준다

위 그림에서 $\alpha \simeq 4$ 인 경우에 $Q_c(\rho)$의 값이 3을 넘어서며 진동하는 것을 볼 수 있다. 현상은 앞의 Babinet 원리에 의한 것으로 입자 주변의 산란광과 내부의 흡광/산란 그리고 회절과 반사의 상호 간섭에 의하여 발생되는 현상으로 풀이된다. 그리고 $\alpha < 4$ 인

경우에는 입자의 크기가 작아지면 산란 효율은 급격하게 감쇄하게 된다. $\alpha \rightarrow \infty$면 Q_b는 2로 수렴하게 된다.

그렇지만 입자의 크기에 따라 $2 \pm$ oscillation항이 존재하게 된다.

Q-factors의 값을 알고 있으면 매질 내에서 부유입자들이 존재할 때 이들 입자에 의한 이론적인 산란/흡광계수를 다음과 같이 쉽게 구할 수 있다. 역으로 입자의 크기를 알고 있다면 산란/흡광의 Q-factors의 값을 측정할 수 있을 것이다.

$$a = \frac{N}{V} \cdot Q_a \cdot s \qquad\qquad\qquad (5.43)$$
$$b = \frac{N}{V} \cdot Q_b \cdot s \quad (s = \pi \frac{d^2}{4})$$

Q7. 공기 중에 직경 20μm 구름의 물방울이 10^8개/m³ 있을 때 산란계수를 구하라. 단 Q_b = 2, Q_a = 0 이다. 만약 구름의 두께가 100m라면 햇빛의 직접 투과율을 구하라.

$$b = 2 \times 10^8 \frac{1}{4} 3.14 (20 \times 10^{-6})^2$$
$$= 6.28 \times 10^{-2} m^{-1}$$

투과도는 Beer-Lambert 법칙에 의하여 지수 함수적으로 감소하므로,

T = e^{-bz} = 0.002 = 0.2%

즉, 99.8%가 산란되고 0.2%만 구름입자와 충돌 없이 바로 투과되었다고 볼 수 있다. 이 의미는 구름을 통하여 태양을 바로 볼 수 없는 정도의 산란이 일어났다고 볼 수 있다. 태양의 디스크가 보인다면 그 광은 산란 없이 바로 구름을 투과한 빛일 것이다.

이와 같이 매질 내의 입자의 크기 분포도 값을 알아야만 실험적으로 Q-factors의 값을 정확하게 계산할 수 있게 된다. 환경 입자광학을 연구하려면 크기에 따른 입자수 정보는 필수적이다. 해수중이나 대기중에서 어떻게 이들 정보를 얻을 수 있을까?

5.4.3 입자의 꾸러미 효과(Package Effect)

아래와 같은 가정을 해보자. 아주 작은 크기(d)로 균질의 흡광 입자가 매질에 부유하고 있다. 그 입자 수 농도는 N/ml이다. 이때 이 입자에 의한 흡광 계수를 a라고 하자. 이제 입자의 총 중량/부피와 내부 광특성이 변하지 않는 상태에서 점차 크기가 증가하는 경우는 수적인 농도는 점차 감소할 것이다. 이와 같이 극단적으로 입자가 수개로 축소될 때까지 입자 크기가 증가하는 경우 매질의 흡광계수는 어떻게 변할까?

그림 5.25에서 입자들의 측면에서 보면 작은 입자들이 큰 입자들로 뭉쳐진 상태로 볼 수 있다. 다시 말하여 입자들이 꾸러미화 되었다 볼 수 있다. 이 입자들에 의한 흡광계수는 어떻게 변하였을까?

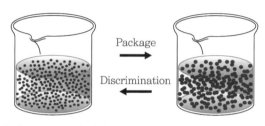

그림 5.25 입자의 꾸러미(package)화 개념. 부유입자들의 총중량은 변하지는 않으면서 입자수가 감소한다면 매질 내의 입자 흡광계수에 영향을 미친다는 이론

이 문제는 많은 연구자들이 이미 a^*에 연결되어 있음을 밝혔다. 즉, 단위 물질 농도당 흡광계수이다. Bricaud et al.(1983 & 1988)은 식물 플랑크의 종에 따른 a^*의 값이 같지 않음을 보여주었고, 이것은 이론적으로 플랑크톤의 크기와 셀 내부 클로로필 농도(c_i)의 곱에 반비례함을 보여주었다. 다시 말하여 입자의 전체 질량이 일정한 상태에서 입자가 크면 클수록 흡광효율이 낮아짐을 의미한다. 이것을 **꾸러미 효과**(Package effect)라고 부른다. 역으로 큰 입자에서 작은 입자로 작아질수록 흡광효율이 증가함을 의미한다. 이것을 입자의 **개별화 효과**(Discrimination effect)라고 부르고, 이 효과를 Specific Q_a (Q_a^*)로 나타내었다. 다음 식은 이 효과를 이론적으로 보여주는 식이라 볼 수 있다(Morel

& Bricaud, 1981).

$$Q_a^* = \frac{3}{2} \frac{Q_a(\rho')}{\rho'} \quad (\rho' = a_i\, d) \tag{5.44}$$

상기 식에서 $Q_a(\rho')$이 ρ'의 증가에 따른 변화가 바로 꾸러미 효과를 나타내는 것임을 설명한다. a_i는 입자 내부에서의 흡광계수이다. 이것을 Van de Hulst 이론을 이용하여 $a_i (= 4\pi\, n'/\lambda)$ 값을 고정하고 입자의 크기 d만을 증가하면서 그래프로 그려보면 다음 그림 5.26A와 같은 결과를 얻는다.

이 꾸러미 효과로 인한 광학적 기작은 산란 및 역산란에도 존재한다. Ahn(1990)은 이것을 "**산란에 대한 개별화 효과**(Discrimination Effect for Scattering)"라고 하였고 다음과 같이 수식으로 표현하였다.

$$Q_b^* = 3\pi \frac{Q_b(\rho)}{\rho} \tag{5.45}$$

$$Q_{bb}^* = 3\pi \frac{Q_{bb}(\rho)}{\rho}$$

상기 식을 Van de Hulst와 Mie 이론을 사용하여 계산된 결과를 그림으로 표현하면 그림 5.26과 같으며 이 효과들을 정리해보면,

- 흡광: 입자가 커질수록 흡광효율이 꾸준히 감소한다. 내부 흡광지수가 증가할수록 감소의 정도는 더욱 가파르다.
- 산란: 산란효율이 최대가 되는 특정 크기가 있다. 이것은 입자의 상대적 크기에 따르며, 이 피크치를 전후하여 산란 효율은 감소한다.
- 역산란: 흡광의 효과와 유사하다. 입자가 크질수록 역산란의 효율은 급격히 감소하여 가다 거의 안정된 상태를 유지한다.

이 광학적 효과로 인하여 광 도달량이 약한 깊은 수심에 서식하는 플랑크톤들은 아주 작은 피코(Pico) 크기로 번식하는지 그 이유가 설명된다. 즉, 작은 미생물이 자신의 체적에 비하여 광흡수 효율이 높아서 생존 경쟁력이 높아지기 때문이다. 그 외에도 이들 미생물은 셀 내부의 광합성 색소의 농도를 표층의 생물보다 훨씬 높게 생리적으로 조정하여 흡광효율을 높이고 있다.

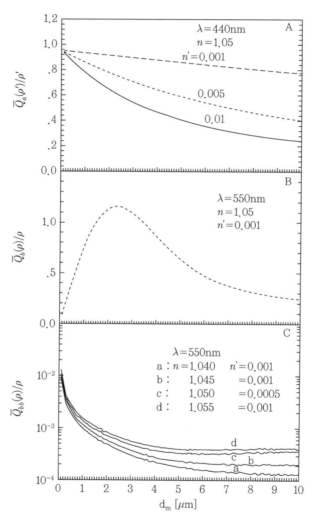

그림 5.26 일반 해수중 해양미생물 입자크기들의 흡광(a), 산란(b) 및 역산란(b_b)에 대한 Package effect(Q^*)의 이론적인 결과(Ahn, 1990)

5.4.4 그늘 효과(Self-Shading Effect)

꾸러미 효과의 발생 원인을 보면, 입자가 커질수록 입자 내부에서 광자를 만나서, 에너지를 가로챌 확률은 크기에 비례하지 않는다는 것이 주원인이다. 자기-그늘 효과 (Self-shading effect) 역시 개념은 비슷하다. 매질 내에 입자의 농도가 아주 높으면 입자와 입자는 빛의 진행방향에 대하여 서로 중첩 상태로 놓이게 되고, 이 경우 뒤쪽 입자는 앞의 입자의 그늘(shadow) 지역에 위치하게 되고 광자를 만날 확률이 그만큼 감소하게 된다. 따라서 입자의 밀도가 어느 정도 높아지게 되면 입자농도에 비례하여 흡광계수가 증가하지 못한다. 이와 같이 앞의 입자의 그늘로 인하여 흡광효율이 저하되는 현상을 **그늘 효과**(self-shading effect)라고 한다. 따라서 이들 현상의 공통점은 다같이 입자들의 크기가 너무 크거나 혹은 입자의 분포밀도가 높아서 입자의 총량(부피)에 비하여 평균 광자를 만날 확률이 비례하지 못한다는 현상이다.

그림 5.27 그늘(Self−shading) 효과의 원리. 그늘 지역의 입자는 흡광에 기여하지 못함을 보여준다

극한의 경우에는 어느 정도 입자의 농도 이상에 이르면 입자의 SIOP 특성이 더 이상 증가하지 않고 포화상태에 이룰 수 있음을 의미한다. 이러한 광학적 효과가 자연해수에서 생물입자들에 의하여 발생할 경우 일반적으로 **비선형 생물효과**(Non-linear biological effect)라고 부른다.

5.4.5 흡광 스펙트럼의 평탄화(Flattening Effect)

입자들에 의한 흡광이나 산란의 크기를 측정하고자 할 때는 꾸러미나 그늘 효과가 나타나지 않는 낮은 입자 농도에서 이루어져야 할 것이다. 그런데 package 효과가 나타나는 입자농도 값의 시발점은 파장에 따라 다르다. 즉, 파장별 흡광계수가 크기 차이가 나기 때문이다. CHL 입자들이 들어있는 해수 샘플로 흡광 스펙트럼을 측정한다고 가정해 보자. 농도가 낮을 경우는 전 파장 영역에서 흡광대와 비흡광대의 특징이 잘 나타난다. 이제 일부 흡광 파장대에서 흡광의 포화가 일어나는 경우는 농도가 더 높아지면 더 이상 값이 증가되지 않는다. 그러나 비흡광 파장대에서는 흡광포화에 도달하지 못하였으므로 계속 증가되고 있다. 더 높아지면 흡광/비흡광대 구분 없이 모든 파장에서 포화되어 값이 비슷해진다. 결국 전 파장에서 평탄한 흡광특성을 보이는 스펙트럼으로 측정될 것이다. 이것을 우리는 흡광 **평탄화 효과**(Flattening effect)라고 부른다. 이 현상은 흡광의 꾸러미 효과에 의하여 동일하게 나타난다. 다음 그림은 식물 플랑크톤에서 입자의 크기가 점차 증가할 경우 꾸러미 효과로 흡광 스펙트럼의 평탄화 되는 과정을 보여주고 있다.

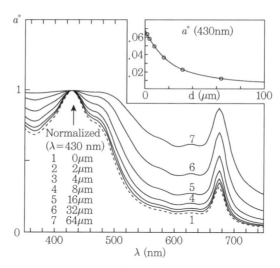

그림 5.28 Van de Hulst 이론으로 계산된 평탄화 효과(Flattening effect)의 결과. 입자의 다른 광특성 변화없이 크기만 0~64μm까지 변할 때 흡광 스펙트럼 모양이 점차 특징을 잃어가는 모습을 보여준다(430nm에서 규격화 함). 우측 상단의 그림은 파장 430nm에서 a^*의 값이 package 효과에 의하여 점차 감소해감을 보여준다(Morel & Bricaud, 1981)

5.5 입자수 계측(Particle Counter)

한 매질 내에 존재하는 입자를 계측할 수 있는 방법에는 2가지가 있다. 하나는 입자가 이동할 때 발생하는 전기적 신호를 이용하는 방법이고, 다른 하나는 광산란 신호를 이용하는 방법이다.

5.5.1 전기저항 신호에 의한 방법

그림 5.29를 참조하면, A 부분에 매질에 입자를 넣고 A와 B 사이에 압력 차이를 발생시키면 매질과 입자가 격벽의 작은 구멍(orifice)을 통과하게 된다. 매질은 전해질이므로 A - B에 기본적으로 전압을 가하여 일정 전류를 흐르게 한다. 입자가 이 구멍을 통과하는 순간 이 입자로 인하여 전기적 저항이 증가하므로 펄스 전류의 변화가 생기고, 이를 계수(counter)하게 되면 입자수를 헤아리게 된다. 입자의 크기에 따라 저항치가 다르고 전류의 변화 폭이 커지므로 펄스의 크기로 입자의 크기를 측정할 수 있게 된다. A - B 사이에 일정 압력이 작용하므로 단위 시간당 통과하는 매질의 부피도 관측시간을 측정하면 알

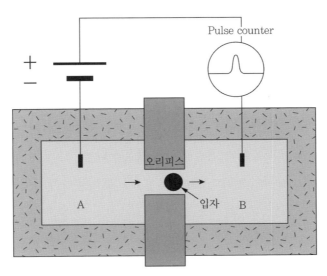

그림 5.29 전기적 펄스를 이용한 입자 계수기의 기본 원리

게 된다. 대표적인 상품으로 "Coulter Counter"와 "Multi-Sizer"라 불리는 제품이 있다. 입자를 측정할 수 있는 크기 범위(range)는 오리피스(orifice)[12]의 구멍크기에 따라 결정된다. 예를 들어 20μm인 경우 최소/최대 측정가능 입자 크기는 orifice의 20~70% 정도로 고려하면 된다. 따라서 하나의 orifice로 모든 입자의 범위를 측정할 수 없다. 몇 개의 orifice를 사용하여야 가능하다. 전기적 카운터를 사용하여 해수중의 입자의 분포를 측정 가능한 최소의 크기는 약 0.6μm부터이다(그 이하는 전기적 노이즈로 인하여 입자와 구분이 안 됨). 그리고 입자의 종류별 내부 전기저항 특성이 다르므로 이에 따른 보정이 필요하다. 보정의 기준으로는 이미 크기를 알고 있는 표준입자를 사용하거나 현미경으로 실제 크기를 측정하여 비교 보정도 할 수 있다.

5.5.2 산란광을 활용하는 방법

위의 입자계수기와 원리는 비슷하다. 다만 긴 모세관으로 입자를 통과시키면서 측면에서 레이저(Laser) 빔을 연속으로 조사한다. 모세관을 사용하는 이유는 모든 입자를 일렬로 정렬하여 통과하도록 하기 위함이다. 개개의 입자에 조사된 광은 모든 방향으로 산란광 혹은 형광(chl 입자의 경우)을 만들게 된다. 따라서 입사광 기준 약 90도 측면에서 센서를 위치하여 이 산란/형광을 측정한다. 이 산란광의 발생빈도와 세기를 이용하여 입자의 수와 크기를 분석할 수 있다(그림 5.30 참조). 다양한 기술이 개발되어 있으며 기기별 기본적인 원리는 유사하나 형광의 측정 여부, 입사 레이저 광의 파장대 등에 따라 다양한 상품이 개발되어 있다. 특히 미생물 조류의 경우 형광이 기본적으로 발생하므로 이 형광의 색(광합성 색소에 따라 형광 파장이 다르게 나옴)으로 특이한 몇몇 종을 구분할 수 있으며, 측면 산란광의 크기와 Mie 이론을 역으로 이용하여 입자의 크기를 계산할

---

[12] 입자 계측기는 시험관 튜브처럼 생긴 곳에 샘플을 넣고, 튜브 벽에 작은 구멍이 뚫려 있다. 이 구멍으로 입자가 통과하고, 오리피스라고 한다. 이 구멍이 작을수록 더욱 작은 입자까지 측정할 수 있다.

수 있는 기술이 개발되어 있다. 그러나 Mie 계산에 필요한 해당 입자의 굴절지수(n과 n') 값을 사전에 알지 못하는 문제로 입자의 크기를 추정하는 데는 한계가 있다. 일반적으로 평균치를 입력하여 계산할 수 있을 것이다.

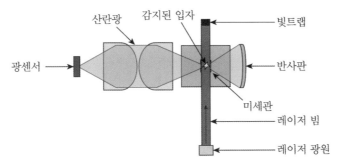

그림 5.30 광산란을 이용한 입자 계수기의 기본 구조

5.6 해수에서의 입자의 분포특성

5.6.1 융분포(Jung Distribution)

자연(해양 혹은 대기중)에 분포하는 미세입자의 크기(r)에 따른 입자수 분포를 그림으로 그려보면 입자의 크기가 작을수록 입자수가 급격히 증가하는 양상으로 나타나게 된다. 이 입자분포함수(Size distribution function; $F(r)$)를 수학적으로 표현하면 다음 식으로 표현이 가능하다.

$$F(r) = \frac{\Delta N}{\Delta V} \sim \frac{dn(r)}{dr} = C^{te}\, r^{-(\nu+1)} \tag{5.46}$$

크기를 로그(log) 스케일로 하면

$$= \frac{dn(r)}{d(\log r)} = C^{te} r^{-(M)}$$

라는 식을 사용할 수 있다.

여기서 r은 입자의 반경이며 $dn(r)$은 입자의 크기 범위 $(r - dr/2)$와 $(r + dr/2)$ 사이에서의 입자 수이다. 상기 식과 같이 지수 함수적으로 입자의 분포를 나타낼 수 있는 경우를 **융분포(Jung distribution)**라 한다(그림 5.31). ν를 융변수(Joung parameter)라고 부르기도 하고 혹은 "분포함수 특성지수(Characteristic exponent of particle distribution)" 라고도 부른다.

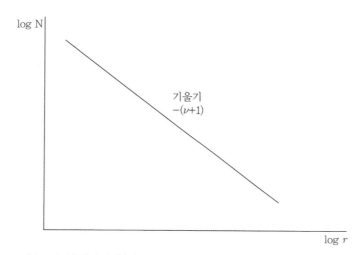

그림 5.31 Jung 분포의 일반적인 형태

기울기가 커지면 작은 입자로 갈수록 입자수가 급격히 증가함을 의미한다. 해양과 대기에서 M$(= \nu + 1)$의 값은 4 정도로 대개 일정하다. Jung 입자 분포특성(Jung 기울기와 최소 입자크기와 최대 입자크기)은 해양에서 VSF의 모양에 크게 영향을 미치는데, 주로 전방산란의 작은 각에서 크게 그 모양이 달라진다. 여기서 입자의 크기 $r \rightarrow 0$로 접근하면 $N \rightarrow \infty$로 가지만 Q_a와 Q_b 역시 "0"로 접근하므로 이 작은 입자들의 광학적 영향은 전체의 광특성에 비하여 무시 가능한 양으로 아주 미미하다. Morel(1972)은 해양에서 광산란 크기 $b \propto \lambda^{3-M}$이 됨을 이론적으로 규명하였고 현장에서 $b \propto \lambda^{-1}$로 관측되는 사실로 M이 4가 됨을 증명하였다. 실제 해양에서 M의 값은 3~5 정도로 변화되므로 극한값은 $b \propto \lambda^0$ 혹은 λ^{-2}의 범위로 측정될 것이다.

해양에서 VSF의 모양은 크게 변하지 않는 이유는 입자의 분포특성이 $F(r) \propto r^{-4}$에서 크게 벗어나지 않는다는 것을 설명한다. 보통 $\beta(180)/\beta(0)$의 값을 보면 10^6 정도로 아주 큰 차이가 난다. 물이 맑을수록 VSF 모양은 순수 물 분자산란의 모양과 유사할 것이다. 물이 탁해질수록 분자산란의 역할은 줄어들고 입자에 의한 역할이 증대된다. 동시에 전후방 대칭성도 없어지면서 전방산란이 지배하게 된다.

5.6.2 정규(Normal)분포

Jung 분포가 자연환경에서 입자의 종류를 구분하지 않을 때 나타나는 분포라면 정규분포는 주로 단일 종의 입자만을 한정할 때 흔히 보이는 분포이다. 예를 들면, 대기중의 수증기 입자의 분포, 한 집단에서 키 높이의 분포, 해수에서 한 종의 식물 플랑크톤의 대번성(bloom)이 있는 경우 등으로 한정하면 정규(normal)분포를 보이게 된다. 이 분포의 특징은 빈도가 최대가 되는 중심 크기(최빈수 mode; d_m)가 있고 이를 중심으로 좌우 모두 빈도가 감소하는 모양을 보인다. 그리고 좌우의 모양은 $d = d_m$에서 서로 대칭이다. 이런 분포를 Gaussian 분포라고도 한다. 정규분포를 나타낸 식은 다음과 같다

$$F(d, d_m, \sigma) = \frac{1}{\sigma\sqrt{2\pi}} e^{-\frac{(d-d_m)^2}{2\sigma^2}} \tag{5.47}$$

위 식에서 d_m는 숫자가 가장 많은 입자크기(d) 분포의 최빈값(mode)이며, 정규분포에서는 이 중앙값(median)이 된다. σ는 입자의 크기분포 대역을 나타내는 변수이다. $d_m \pm \sigma$에서 F/2가 된다. 이 값이 커지면 분포도는 좌우로 넓게 퍼지게 된다.

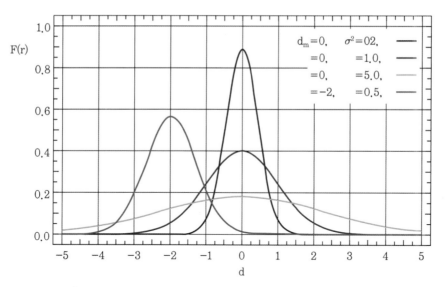

그림 5.32 d_m과 σ^2에 따른 정규분포도 예

만약 좌우 분포 모양이 서로 비대칭이면 대수정규(log-normal) 분포가 된다. 실제 해수환경에서는 정규분포보다는 대수정규분포에 더 가깝다. 수식은 아래와 같이 정규분포에서 입자크기에 log를 적용한 경우이다.

$$F(d, d_m, \sigma) = \frac{1}{d\sigma\sqrt{2\pi}} e^{-\frac{(\log d - \log d_m)^2}{2\sigma^2}} \tag{5.48}$$

위 식을 아주 간단히 나타내면;

$$F(d) = \exp\left[-A\left(\log\left(\frac{d}{d_m}\right)\right)^2\right] \tag{5.49}$$

로 표현이 가능하다. A는 σ와 d로 통합된 변수이다.

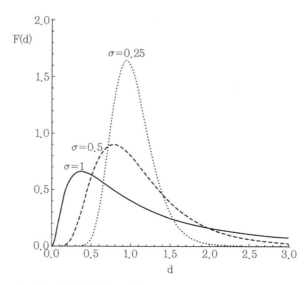

그림 5.33 d_m과 σ에 따른 대수정규분포 예

5.7 현장 혼합 미생물들의 광특성

관심 대상의 물질로는 앞에서 언급한 부유(free leaving) 박테리아, 타가영양체 동물 플랑크톤(heterotrophic zooplankton), 식물 플랑크톤, 무기입자, 유기 쇄설물 그리고 용존유기물 등을 들 수 있다. 이들이 해양에서 어떤 광특성을 보여주는지는 모든 경우 언급하기는 어렵다. 해역이나 지역에 따라, 입자의 성분이나 물리적 특성이 다양하고 생물입자의 경우 생물종, 생리상태에 따라 다양한 광특성을 보여주기 때문이다.

해양에서 입자들의 **뭉치(bulk) 광특성**[13]으로 SIOP인 $a^{*}(\lambda)$, $b^{*}(\lambda)$ 그리고 $b_b^{*}(\lambda)$, 개별 입자로 접근하면 $Q_a(\lambda)$, $Q_b(\lambda)$ 그리고 $Q_{bb}(\lambda)$를 들 수 있다. 여기서 우리가 되돌아

---

13 해수중 입자들의 광특성 언급할 때 다양한 크기의 입자 전체를 통틀어 평균하여 하나의 특성과 크기를 가진 입자로 취급할 때 Bulk 상태 광특성이라 한다.

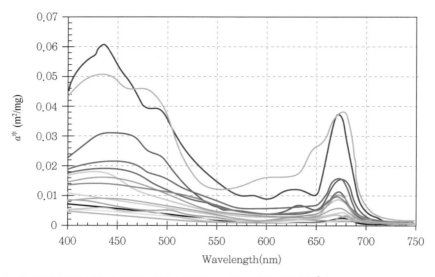

그림 5.34 식물 플랑크톤의 종에 따른 다양한 크기의 비흡광특성(a_{ph}^*)

봐야 할 점은, 왜 개별 물질 혹은 입자들의 SIOP가 필요한 것인가이다. 이 책에서는 해양의 광학적 현상이나 입자광학 그 자체로도 중요하지만, 해색원격탐사 기술을 잘 연구하기 위한 기본적이고 전반적인 환경광학의 개념을 이해시키기 위한 것이 최종 목표라고 강조하고 싶다. 위성으로 관측되는 환경을 분석하기 위한 과정은 해수광신호 반사도(R) 모델을 해수중 구성입자의 사전 연구된 광특성으로 만들고, 역으로 이 반사도 측정으로 해당 물질의 IOP를 분석하고 다시 SIOP 자료를 이용하여 물질 농도를 구하게 된다. 다시 말하여 해수 원격탐사의 Foward & Backward 모델에 활용하기 위함이다(제7장 참조).

5.8 대기광학

대기는 다양한 가스 성분으로 구성되어 있으며 지표 가까운 공기층에는 에어로졸의 농도가 높아서 햇빛이 지표에 도달하거나 혹은 지표 반사 빛이 위성에 도달하는 동안 상당한 빛이 소멸되거나 산란된다. 이 현상은 해양 원격탐사 연구에 아주 중요한 변수로 작용하게 된다. 따라서 이들에 의한 대기 광학적 특성 연구는 아주 중요하다고 할 수 있다. 그 외에도 고도의 증가에 따른 대기밀도의 급격한 감소 그리고 구성 성분가스의 변화, 미세한 구름방울 등이 대기의 광 현상을 더욱 복잡하게 만들고 있다. 특히 지표면 가까운 대기에서는 인간의 활동으로 인한 다양한 대기 오염물질(산업 분진 등)이나 자동차에 의한 가스(이산화탄소 및 질산성 질소)의 발생으로 누적되어 있고 화산활동, 바람 등에 의한 자연적으로 발생하는 황사 등 미세먼지가 위성원격 탐사를 더욱 어렵게 하고 있다.

5.8.1 대기의 기준높이(Scale Height)

대기층의 높이는 얼마일까? 실제 이 높이를 얼마라고 정의하기는 상당히 어렵다. 공기분자 밀도가 "0"로 되는 곳이라면 이것은 무한대에 가까운 고도라 볼 수 있다. 고도에 따른 대기압의 변화를 수식으로 표현하면,

$$\frac{dp}{dz} = -g\rho$$

$$dp = -g\rho dz$$

양변을 적분하면,

$$p = -g\rho \int_{z=0}^{\infty} dz \tag{5.50}$$

로 주어진다. g는 중력가속도 값이고 ρ는 공기 밀도이다.

한 이상기체(ideal gas)에서 상태방정식은 다음과 같이 주어진다.

$$pV = nRT \tag{5.51}$$

p는 가스의 압력, V는 가스의 볼륨, n는 가스의 mole 수, R은 이상기체 상수로 8.3143joule/(K-mole), T는 절대온도이다. n은 다음과 같이 나타낼 수 있다.

$$n = \frac{m}{M}$$

m은 가스 질량(g), M은 mole 질량(기체 분자량에 g을 붙인 것)이다. 위 식을 식 (5.51) 에 삽입하면,

$$pV = \frac{n}{M}RT \tag{5.52}$$
$$p = \frac{n}{V}\frac{RT}{M} = \rho\frac{RT}{M}$$

상기 식 (5.52)를 식 (5.50)에 대입하면,

$$\rho\frac{RT}{M} = -\rho g \int dz = -\rho g H_m$$

$$H_m = \frac{RT}{gM} \approx 8.43km \tag{5.53}$$

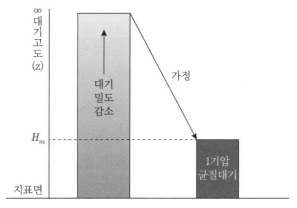

그림 5.35 대기의 기준높이(H_m)의 개념

위 식에서 $\int_{z=0}^{\infty} dz = H_m$ 이라고 정의하고 이것을 기준높이(Scale Height)라고 부른다. 즉, 대기가 1기압으로 균질하게 분포한다고 가정할 때 만들어지는 "등가높이(equivalent height)"라고 볼 수 있다. 아래첨자 m은 오직 공기분자(molecule)만을 가정할 때의 높이라는 것이다. 이 값은 온도 15℃일 때 대략 8.43km 정도이다. 지표면을 감싸고 있는 단위면적당의 대기의 총량이 거의 일정하다고 가정하면 이 값은 거의 일정하다고 볼 수 있다.

유사한 개념으로 "에어로졸에 등가고도(H_a)"를 정의할 수 있을 것이다. 그러나 에어로졸의 농도가 지표면에 따라 다양하게 변하므로 공기분자에 기준높이가 일정한 값을 가지지만 H_a는 그렇지 않다.

5.8.2 광학적 두께(Optical Thickness, τ_R)

대기의 광학적 두께는 해수와는 다르게 복잡하게 계산된다. 근본적인 물리적 차이점은 해수는 비(non) 압축성이고 대기는 압축성이라는 것이다. 즉, 대기는 고도에 따라 대기 압력 차이로 공기밀도가 크게 차이가 난다. 따라서 대기에 의한 감쇄(attenuation)는 고도에 따라 균질이지 못하다는 것이다. 실제 대기분자는 흡광은 대부분 무시 가능하고 분자산란(Rayleigh scattering)이 주된 광학적 역학을 하므로 감쇄계수는 거의 산란계수와 같다($c \approx b$)고 가정할 수 있다.

일반적인 광학적 두께(τ)의 정의는 다음과 같다.

$$\tau = c.z \tag{5.54}$$

대기의 c값은 높이에 따른 공기분자의 밀도 감소로 고도(θ)에 따라 변하게 되므로 보다 정확한 표현은 다음과 같을 것이다. 에어로졸이나 다른 미세입자의 영향을 무시하고 오직 공기분자만의 산란을 고려하면,

$$\tau_R = \int_0^\infty c(z) \frac{1}{\cos\theta} dz \qquad (5.55)$$

위 식에서 태양이 천정(θ=0)에 있는 경우, 식 (4.21)을 이용하면 $c(z) = \sigma_e N(z)$ (=공기분자 산란유효단면적 $\times$ 단위체적당 입자수)

$$= \sigma_e \int_0^\infty N(z) dz \qquad (5.56)$$

Scale height(H_m) 정의에 따라,

$$\tau_R = \sigma_e N_0 H_m \qquad (5.57)$$

σ_e는 기체분자의 흡광 유효단면적이며, $N(z)$는 높이 z에서의 단위체적당 분자수이다. 위 식에서 N_0는 2.548×10^{25} molecules/m³로 주어진 Sea-level(1기압) 상태에서 단위부피당 공기 분자수(밀도)를 의미한다.

---

* 공기분자의 산란 유효단면적(Scattering cross section; σs)
비 흡광 가스분자에 의한 산란유효단면적은 Rayleigh 산란의 기본 이론으로 다음과 같이 주어진다.

$$\sigma_s = \frac{128\,\pi^5 \alpha^2}{3\,\lambda^4} \qquad (5.58)$$

α는 편광도로 분자 밀도와 굴절지수에 관련된 것으로 아래와 같은 식으로 표현된다.

$$\alpha = \frac{3}{4\pi N} \frac{m-1}{m^2+1} \qquad (5.59)$$

m은 복합 굴절지수로 허수부(n')는 거의 무시 가능하므로 실수부(n)로 대치 가능하며 공기의 값은 ~1.00028 정도이다. 그리고 앞에서 언급하였듯이 공기분자는 약간의 이방성(anisotropy)을 가지므로 이를 보상해주는 factor(f)를 추가하면 다음과 같이 된다.

$$\sigma_s = \sigma_e = \frac{8\pi^3}{3\lambda^4 N_0^2}(n^2-1)^2 f(\delta) \tag{5.60}$$

파장별 σ_s는 $\lambda^{-4.08}$에 비례하므로,

$$\sigma_s(\lambda) = \sigma_s(\lambda_0)\left(\frac{\lambda_0}{\lambda}\right)^n \tag{5.61}$$

여기서 $n \simeq 4.08$, λ_0는 550nm, $\sigma_s(\lambda_0)$는 $4.56 \times 10^{-31} \text{m}^2$이다.

Shaw & Frölich(1980)은 τ_R이 대부분 파장에 의하여 좌우되므로, 위성관측 자료로부터 다음과 같은 간략한 경험적 관계식을 얻었다.

$$\tau_R = 0.00838 \lambda^{(-3.916 + 0.074\lambda + 0.05\lambda^{-1})} \tag{5.62}$$

몇 개의 파장에서 실제 측정값(1기압 표준상태)은 아래와 같다.

표 5.4 표준 대기압에서 측정된 공기분자의 파장별 광학적 두께

λ(nm)	350	400	500	600	700	800
τ_R(m^{-1})	0.633	0.365	0.140	0.069	0.043	0.0214

결과는 단일 충돌산란(Single scattering)이라고 가정($\tau < 0.3$)을 하여도 될 수준으로 아주 작은 값이다. 그러나 실제 대기는 미세먼지와 에어로졸 등의 입자가 존재하고 $\tau_{atm} > \tau_R$이므로 빛이 대기를 투과하는 동안 공기분자 및 에어로졸 입자들과 다중산란(Multiple Scattering)이 일어나게 된다. 이 다중충돌 가정은 해수신호의 대기보정 과정에서 아주 중요한 조건이 된다.

5.8.3 오존에 의한 흡광

오존(Tri-Oxygen, O_3) 가스는 강력한 산화제로 인간의 호흡기 점막이나 폐 조직을 상하게 하여 대기오염 물질로 분류하고 있다. 반면 오존은 우리 지구에 들어오는 자외선을 차단하여 인간을 포함하여 지표의 생물을 보호하는 것으로 알려져 있다. 대기 광학적으로 보면 수증기와 더불어 자외선 및 가시광 영역에서 강하게 흡광하는 가스 성분이다. 모든 대기층에 존재하며 약 20~25km 고도에서 5×10^{18} molecules/m³로 최대치를 보여준다(그림 5. 37). 질소와 산소분자의 광화학 작용에 의하여 발생하며 없어지기도 한다. 그러나 남극지방의 상공에 오존 농도가 아주 희박한 곳으로 알려진 "Hole"은 냉동기의 냉매제로 사용되는 불화염소화합물(CFC, Freon 가스)을 비롯한 소화제(Fire-fighting)로 사용되는 할론 화합물에 의한 오존층의 파괴로 알려지고 있다(그림 5.36). 성층권 대기에서 UV에 의하여 이들 화합물이 염소와 브롬으로 분해되고 이들 물질은 다시 대기중의 오존을 파괴하는 것으로 알려지고 있다. 미환경보호청에 의하면 염소분자 한 개는 1만 개의 오존분자를 파괴하는 것으로 추정하고 있다. 흡광 밴드는 다음과 같다.

표 5.5 오존의 흡광 파장대(Herzberg, 1966)

오존 흡광 파장대	설 명
220~300nm(Hartley band)	강한 흡광, Peak 파장 255nm
300~345nm(Huggins band)	Hartley band와 연속
550~610nm(Chappuis band)	Peak 파장 595nm

가시광 영역에서 오존에 의한 광학적 두께는 파장 595nm를 중심으로 좌우대칭인 가우시안(Gaussian) 분포를 하고 있는 것으로 밝혀졌다. 따라서 이 실측값을 파장에 따라 통계적 수식으로 만들어보니 다음 식으로 주어졌다(R.E. Walker, 1994).

$$\tau_{oz}(\lambda) \simeq \tau_{oz}(\lambda_o) \exp\left(-\frac{(\lambda - \lambda_o)^2}{\triangle \lambda_{oz}^2}\right) \tag{5.63}$$

위에서 λ_{oz} = 595nm, $\tau_{oz}(\lambda_{oz})$=0.043 그리고 $\triangle\lambda_{oz}$ = 75nm이다.

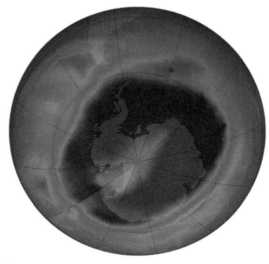

그림 5.36 남극에 생긴 오존 홀(NASA, 2014)

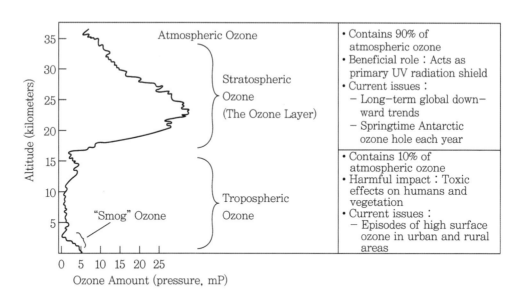

그림 5.37 대기 고도에 따른 오존의 분압 농도(출처: NASA)

5.8.4 에어로졸 광학

대기의 에어로졸은 콜로이드상의 미세입자이거나 물방물로, 연무(haze), 먼지(dust), 매연(smoke)이나 입자상의 대기 오염물질을 모두 포함한다. 입자의 크기는 $1\mu m$보다 크거나 작은 정도이다. 그러나 정확한 정의와 구분을 하기는 어렵다. 이들 물질이 주목을 받는 것은 대기에서 호흡기 질병을 유발하고 퍼뜨리는 역할을 하기 때문이다. 그러나 해양원격탐사 기술에서는 위성에서 바다를 보았을 때 해수 신호를 가로막고 있으며 자료의 질을 급격히 떨어뜨리기 때문에 이들의 영향을 정확하게 규명하는 것은 필수 사항이다.

5.8.4.1 에어로졸 입자크기 분포

대기에서 입자의 크기분포는 단일 크기 분포를 갖지 않고 대부분 다중 크기의 분포를 나타낸다. 다음 그림은 대기중 에어로졸의 양을 숫자, 표면적, 부피 기준으로 나타낸 것이다. 분포를 보면 50nm, 700nm 그리고 8000nm($8\mu m$)에서 피크치를 보여주는 다중입자 분포이다. 숫자만을 본다면 50nm에서 최고의 숫자를 나타내지만 $8\mu m$에서는 무시 가능하다. 이것을 체적 기준으로 보면 $8\mu m$가 전체 체적의 대부분을 차지하지만 반면 50nm 입자는 무시 가능하다. 입자 면적으로 본다면 $0.7\mu m$에서 최고를 보여준다. 따라서 이들 입자그룹이 대기중에서 어떤 크기가 광학적으로 더 영향을 미칠 것인지는 Mie 이론으로 계산해보면 가능할 것이다.

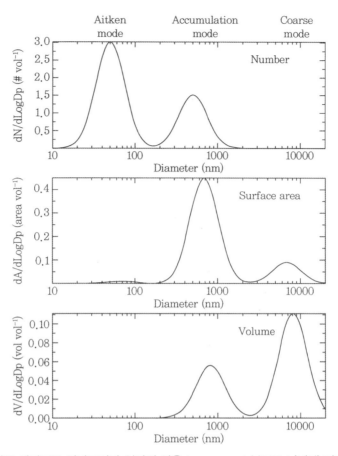

그림 5.38 대기중 에어로졸 입자크기와 입자의 양을 Log-normal 분포로 나타낸 것으로 가장 위는 숫자(N), 중간이 표면적(A), 마지막이 체적(V) 기준으로 나타낸 것이다.

5.8.4.2 에어로졸의 종류(type)

에어로졸의 종류는 크게 두 가지에 의하여 좌우된다. 구성하는 입자의 성분에 의하여 크게 좌우되며 다른 하나는 입자의 크기 분포이다. 소스(Source)별로 구분하면 해염(Sea salt), 먼지, 화산재(Volcanic ash)로 구분된다. 화학적으로 본 일반적인 성분은 황화합물인 황산암모늄$((NH_4)_2SO_4)$이다. 그 외 유기탄소입자(Organic carbon), 질산암모늄, 미세 무기질 흙(soil) 입자로 주성분은 철이나 마그네슘의 산화물이다. 주요 발생원인은 자동차 매연, 산업활동에 따른 화석에너지의 연소로 발생한다. 그 외 화산폭발로 인한 해양에서는 대부분 육상의 에어로졸이 이동된 것이나 해수에서 추가로 발생되어 대기로 투입된 염(salt) 입자나 혹은 식물 플랑크톤의 광합성 부산물로 만들어지는 DMS(Dimethylsulfide)가 에어로졸과 해상구름 생성의 원인물질로 알려져 있다. 일부에서는 DMS가 온실가스와는 반대로 지구를 냉각(Cooling)하는 역할을 하므로 우리 지구의 일정한 온도조절(Thermostat) 기능을 한다는 연구결과가 있다(R.J. Charlson et al., 1987).

그림 5.39 화석연료인 석탄이나 석유 등의 연소로 발생한 미세한 재(ash) 입자 에어로졸. 2000배 전자현미경(SEM)으로 관측

해양원격탐사에 적용되는 에어로졸 모델은 대부분 해양성(Sea salt, DMS 등)으로 분류되는 것들이다.

5.8.4.3 광학적 특성

에어로졸 광특성을 나타내는 인자에 옹스트롬 지수(Ångström exponent) 혹은 계수(coefficient)라는 것이 있다. 즉, 하나의 주어진 농도 값에서 다음 식에서처럼, 2개의 파장에서 광학적 두께(optical thickness, τ)가 어떻게 변하는지를 나타내는 기울기(α) 특성 값이라 볼 수 있다.

$$\frac{\tau(\lambda)}{\tau(\lambda_0)} = \left(\frac{\lambda}{\lambda_0}\right)^{-\alpha}$$

$$\tau(\lambda) = \tau(\lambda_0)\left(\frac{\lambda}{\lambda_0}\right)^{-\alpha} \tag{5.64}$$

α를 측정하려면 2개의 파장대에서 에어로졸의 광학적 두께를 측정하면 얻을 수 있다. 이 α값은 일반적으로 입자크기와 관련이 있으며 입자 크기가 클수록 값이 작아지는 특성이 있다. 이러한 특성을 이용하면 대기중에서 에어로졸과 미세 물방울(안개 혹은 구름)과의 분포비를 추정할 수 있다. 만약 안개입자들의 경우 입자의 크기가 상대적으로 크므로 α는 거의 "0"에 가깝고 파장에 따라 광학적 두께는 수평한 특성을 보여준다.

따라서 α는 다음과 같은 정보를 포함하고 있다.

- 임의 파장에서 에어로졸의 광학적 두께
- 에어로졸 타입의 분류
- 에어로졸 입자의 크기 추정
- 복사선 전달식의 입력자료
- 지구 복사광에너지의 입출입 정산

현재 전 세계적으로 AERONET[14]이라는 관측망이 운용되고 있으며 에어로졸의 지역적 광학적 특성을 관측하여 상호 자료를 공유하고 있다.

---

14 NASA를 주축으로 한 에어로졸의 모니터링, 특성화 연구 및 자료서비를 수행하는 국가 간 협력 프로젝트임

제6장

대기보정

06
CHAPTER

대기보정(Atmospheric Correction)

6.1 서론

지금까지 해수의 광학적 측정 및 특성은 해수 내부에서 혹은 해수면 바로 위에서의 개념이었다. 그러나 위성원격탐사에서 광학적 측정은 지표에서 아주 먼 곳인 대기상층 (top-of-atmosphere: TOA)에서 이루어진다. 따라서 대기에 의한 해수 광신호의 왜곡은 피할 수 없는 문제이고 그 왜곡의 크기를 추정하지 않고는 해수의 원격탐사를 수행할 수 없게 된다.

위성원격탐사에서 센서의 복사보정(radiometric calibration) 및 영상의 기하보정 (geometric correction)을 한 후 가장 중요한 기술적 이슈는 2가지로 구분할 수 있을 것이다. 대기에 의하여 센서에 추가로 유입되는 광학적 문제(atmospheric problems)와 지표 면 관측점에서 발생하는 광학적 문제(ground-surface optical problems)로 나눌 수 있다.

해수인 경우에는 수면 아래의 수괴(water mass)에서 발생하는 다양한 광학적 문제가 추가된다. 이와 같이 해수/지표에서 반사된 광이 대기를 투과하면서 대기의 산란광이 추가되거나 혹은 해수/지표광이 대기를 통과하며 약해지는 등 광신호의 왜곡이 일어난다. 이 문제를 해결하는 과정을 우리는 "**대기보정**(Atmospheric correction)"이라 한다.

대기보정되어야 할 광신호는 해수광보다 청색 파장 기준으로 거의 10~20배 정도 크기 때문에 해수중 물질정보를 분석하는 데 아주 큰 영향을 미침을 의미한다. 위성원격탐사 기술에서 관측대상(target)인 순수 해수신호의 관측 오차크기는 맑은 해역을 기준으로 약 ±5% 이내의 크기를 요구하고 있다.

대기보정의 목표는 위성에서 관측된 총 광 신호에서 어떻게 하면 대기에 의하여 오염된 신호를 제거하고 정밀한 해수신호(L_w)를 얻을 수 있나에 달려 있다고 볼 수 있다.

6.2 육상 대기보정(Land Atmospheric Correction)

먼저 지구관측위성은 육상관측위성이 먼저 개발되었으므로 대기보정의 육상위성에 적용된 사례를 보자. 초기의 육상관측위성(LANDSAT 시리즈)에서 대기보정의 목적은 어떻게 하면 구름의 영향을 제거 혹은 최소화 할 것인지에 관심이 집중되었다. 그 이유는 육상 원격탐사의 관심은 정량적인 지표환경 값보다는 상대적인 변화를 보는 것만으로 만족하였기 때문이다.

그러나 최근 구름이나 에어로졸의 광학적 영향 일부를 제거하였다 하여도 대상 물질의 정량적인 분석값의 요구로 보다 정밀한 대기보정에 관한 필요성이 제기되고 있다. 육상관측 위성의 대기보정은 적은 밴드 수, 육상신호의 다양성으로 해양에 비하여 기술개발이 쉽지 않다는 것이 현실이다. 다음은 육상관측 위성에서 활용되고 있는 몇 가지 대기보정의 대표적인 기술 사례이다.

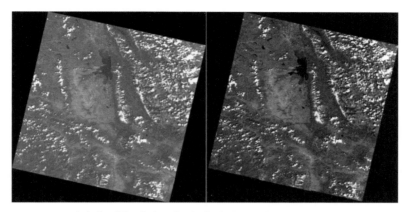

그림 6.1 LANDSAT 위성에 의한 대기보정 전(좌)과 후(우)의 모습(밴드 2, 3, 4의 합성). Rayleigh와 에어로졸 산란을 제거한 결과(E. Vermote et al., 2016)

일반적으로 육상원격탐사의 대기보정은 해양보다는 개발의 시급성이 떨어진다. 그럼에도 육상자료에 대해 대기보정을 수행하면 선명한 영상자료와 보다 정량적인 정보를 얻을 수 있으므로 최근에는 다양한 대기보정 과정을 수행하고 있다. 현재 가장 많이 사용되는 기술은 다음과 같다,

6.2.1 레일리 신호만 보정

이는 위성에서 얻어지는 가장 큰 신호가 공기분자에 의한 광산란(L_r)이며, 에어로졸의 영향(산란과 흡광, L_a)은 상대적으로 무시 가능하다는 조건($L_a \ll L_{target}$)이 성립될 경우에 한한다. 즉, Rayleigh 산란의 광을 제거만 하여도 활용에 충분하게 지표면 반사 광세기(L_{target}) 값을 근사할 수 있다는 가정을 두고 있다.

$$L_{target}(\lambda) = L_T - L_r \tag{6.1}$$

여기서 $L_r(\lambda)$의 크기는 공기분자 산란에 의한 광학적 두께(τ_r)에 따른 값이며 복사선 전달모델로 계산할 수 있다. 경험적인 연구에 의하면;

$$\tau_r(\lambda) = A.\lambda^{-(3.916 + 0.074\lambda + 0.05/\lambda)} \qquad (6.2)$$

$$A = (P/P_o)(\alpha + \beta.H) \text{이며}$$

P는 현장 대기압의 크기, P_0는 표준 대기압 1013mb, α와 β는 위도에 따른 상수 값들이다. 그리고 H는 현장의 고도(km) 값이다(C. Fröhlich & Glenn E. Shaw, 1980).

6.2.2 Black Pixel Assumption 기술

육상관측위성은 해양관측위성보다 픽셀(pixel) 공간 해상도가 아주 높은 1~20m급 이내이다. 따라서 지리적으로 위성 영상자료 중의 일부 장소(pixel)에서는 햇빛이 전혀 비치지 않거나 도달하지 못하여 거의 완벽하게 검게 보이는 곳이 영상 중에 반드시 존재한다는 가정을 두고 있다. 즉, 영상 픽셀 가운데서 가장 검게 나타나는 곳을 찾아서 이곳 지표에서 반사되는 빛의 세기를 "0"라고 가정한다. 그러면 이 가장 검은 픽셀(black pixel)에서 얻어지는 총 신호(L_{total})는 모두 대기신호가 되며, 그리고 수평적으로 대기신호는 모두 균질이라고 가정(좁은 영역이므로)하면 전 영상에서 검은 픽셀에서 얻어진 값을 모든 픽셀에 대하여 빼주면 영상에서 대기보정된 자료를 얻게 된다. 이 과정을 모든 밴드에 동일하게 적용될 수 있다.

$$L_{target}(\lambda) = L \qquad (6.3)$$

여기서 $L_{black}(\lambda)$은 주어진 벤드에서 영상의 모든 픽셀 중에서 가장 어두운 픽셀의 광세기($\simeq L_{min}$)를 말하며, 이 값은 에어로졸과 공기분자 산란, 흡광 및 경로상에서 발생하는 모든 광학적 효과를 포함한 것이라 볼 수 있다. 이 기술은 육상 관측 위성을 위한 가장 쉬운 대기보정 기술의 하나이며 편의성으로 인하여 광범위하게 사용되는 기술이다. 단점은;

- 가장 어두운 점의 광신호 크기가 타겟 위치나 지리적 환경에 따라 다를 수 있다
- 태양의 고도에 따라 L_{black}의 값이 변할 수 있다.
- 고해상도 위성자료에만 적용할 수 있다.
- 넓은 지역에서는 적용할 수 없다.
- 센서가 2D이거나 복수인 경우 센서 간 감도의 편차로 실패하거나 오차를 유발할 수 있으므로 사전 센서별 정밀한 감도 정보가 필요하다.

위와 같이 단순한 기술을 사용하는 이유는 육상에서 대기보정기술이 현실적으로 아주 어렵기 때문이라 볼 수 있다.

6.2.3 평균 Background 신호 활용법

이 기술은 대기보정이 목적이라기보다는 역으로 육상 **대기의 에어로졸 농도 등을 얻기 위함이다.** 해양 이용자는 에어로졸의 농도에는 관심이 없다. 반면 육상 대기환경 연구자들은 지(수)표면의 신호에는 관심이 없고 대기의 에어로졸 농도를 알고자 한다. 결국 어느 한쪽을 얻기 위해서는 원하지 않는 영역의 값을 먼저 알아야 나머지(원하는 항목)의 값을 구할 수 있으며, 해색 연구자들에게는 에어로졸 광학적 값은 최종적으로 버려야 할 항목이고, 대기 연구자들에게는 지표(수)면의 값은 폐기처분해야 하는 숙명적인 관계를 갖고 있다. 그런데 대기환경 연구에서 위성으로 지표면의 값을 정밀하게 알아낼 수 있는 기술이 아직 없다. 따라서 육상대기의 에어로졸 농도를 위성으로 알아내기는 어렵다는 결론이 얻어진다. 그래서 고안해낸 방법이 십수 년의 위성자료가 충분히 존재하고, 365일 일별 위성자료에서 대기의 에어로졸 값이 거의 "0"에 가까운 경우에 "수년간 일별 최저치의 육상 광신호 값"($L_{\min}(\lambda)$)을 DB를 만들어둔다면 아래 식에 따라;

$$L_{atm}(\lambda) = L$$
$$L_a(\lambda) = L_{atm}(\lambda) - L_r(\lambda) \tag{6.4}$$

최종 순수 에어로졸에 의한 광신호의 크기를 얻을 수 있을 것이다. 위 식에서 $L_{atm} = L_r + L_a$로 주어진 값이다. 이 방법의 실용 가능성은 수년간의 위성의 일별 자료에서 에어로졸의 영향을 받지 않는 전체 관측영역(full scene)의 위성자료가 존재해야 할 것이다. $L_{min}(\lambda)$의 값은 일별자료가 이상적이겠지만 부족하면 주별 혹은 순별 자료도 사용 가능할 것이다.

현재 육상대기보정 기술도 상당히 다양한 기술들이 개발되었지만 우리의 주 관심사가 아니므로 이 정도로 소개한다.

6.3 해양 대기보정

육상관측 위성의 대기보정과는 다르게 해색위성 대기보정은 아주 정밀한 기술을 요구한다. 따라서 해양대기보정 기술은 아주 복잡하고 육상에서보다 다양한 기술이 개발되어 있다.

여기서 기술되는 해색 대기보정 내용은 IOCCG report No. 10(2010)과 GOCI-1의 대기보정 기술 중심으로 요약한 것임을 먼저 밝힌다.

위성에 의한 대기보정의 역사는 CZCS(Coastal Zone Color Scanner)부터 시작된다. 그 이전에는 고도 150~3000m 정도에서 항공기에 의한 해색관측(Clarke et al., 1970)이 수행되었고, 이로부터 해수면 클로로필 농도를 추정하려는 시도가 있었다. 이 연구를 통하여 위성 센서에 받아지는 신호의 대부분이 대기산란의 영향을 받는다는 것을 알게 되었고 대기보정의 필요성이 처음으로 인정되었다.

동시에 해양 현장에서는 $E_d(\lambda)$와 $E_u(\lambda)$가 측정되었고, 이로부터 $K(\lambda)$와 해색원격탐사의 기본이 되는 반사도 $R(\lambda)$의 값이 계산된다. 이 해수의 반사도인 $R(\lambda)$이 수중복사선 전달의 이론적인 해색모델이 개발(Gordon et al., 1975)되었고, 이어서 해수중 물질의 광특성과 관련된 모델(Morel & Prieur, 1977)이 만들어진다. 그리고 이 연구는 CZCS 위성의 대기보정 기술에 처음으로 적용된다(Gordon, 1978). 대기보정에서 근적외선 (NIR) 파장대는 탁수를 제외하고, 물의 강한 흡광작용으로 해수신호가 거의 "0"가 되므로, 측정되는 신호는 모두 대기신호라 볼 수 있다. 따라서 NIR 밴드는 쉽게 대기신호의 크기를 가늠해볼 수 있는 핵심적인 밴드이다. 그럼에도 CZCS 개발 당시에는 이 사실을 인지하지 못하여 근적외선 파장대 밴드를 설계에 고려하지 않았다.

따라서 CZCS에서는 이 NIR 밴드에 가장 근접한 670nm를 사용하게 되었고, 당연히 이러한 가정으로 개발된 대기보정 기술은 연안 해수처럼 탁할 경우 맞지 않는 결과를 초래하게 된다. 그 외에도 총 대기(공기와 에어로졸) 광산란 신호의 크기를 추정하는 기술에서는, 공기분자의 광산란을 계산할 때는 에어로졸의 영향이 없다는 가정이 주어졌고, 에어로졸의 광산란 신호 추정에서는 공기분자 영향을 받지 않는다는 가정을 하였다. 이것을 소위 "단일산란 가정(Single scattering approximation)"이라 부른다. 그러나 이 가정은 현실적으로 합당하지 못하였고, 1994년(Gordong & Wang)에 이르러 처음으로 공기분자와 에어로졸 입자 간의 상호작용 산란을 고려한 다중산란(Multiple scattering) 이론과 더불어 편광효과도 고려하게 된다.

최근에는 탁한 해수에서 특화된 대기보정 기술이 다발적으로 연구되고 있으나 맑은 해수와 동시에 만족하지 못한다는 문제가 있었다. 그러나 보다 최근에는 CASE-I &II 해수를 모두 만족하는 상당히 발전된 결과를 보여주고 있다.

6.3.1 기본 개념

대기보정의 근본 목적은 어떻게 하면 위성 위치, 즉 대기의 상단(Top Of Atmosphere; TOA)에서, 관측된 총 해수신호에서 대기에 의한 영향과 해수면 반사에 의한 신호를 제거할 수 있을까 하는 것이다.

위성원격탐사 기술개발에 사용되는, 위성관측 해수-대기 통합시스템 신호의 물리적 단위인 반사도(ρ)는 다음과 같이 정의된다.

$$\rho(\lambda) = \frac{\pi L_w(\lambda)}{F_0 \cos\theta_0} \qquad (6.5)$$

여기서 해양과 대기는 $\cos\theta$의 법칙을 따르는 Lambertian 반사체라고 가정하였고, F_0는 대기권 밖에서의 태양상수 E_{sun}(irradiance)를 의미한다. θ_0는 태양고도인 천정각이다.

해양-대기 시스템에서 위성의 센서가 해양의 한 pixel을 바라본 TOA total radiance (L_T)는 다음과 같은 식으로 정의될 수 있다(그림 6.2).

$$L_T(\lambda) = L_r(\lambda) + L_a(\lambda) + L_{ra}(\lambda) + t(\lambda)L_{wc}(\lambda) +$$
$$T(\lambda)L_g(\lambda) + t(\lambda)t_0(\lambda)\cos\theta_0\, L_{wN}(\lambda) \qquad (6.6)$$

위 식에서

L_r: 레일리 산란, 즉 공기분자 산란으로 발생하는 대기신호

L_a: 에어로졸 산란으로 인한 광

L_{ra}: 공기와 에어로졸의 상호작용으로의 산란광(multiple scattering)

L_{wc}: 파도가 해수면에서 바람으로 인하여 깨어져 발생되는 것으로 "백색의 파도"에 의한 광세기(white-cap)

L_g: 대기(하늘) 혹은 햇빛이 직접 해수면 표면에서 반사되어 나타나는 광(surface glint)

L_{wN}: 해수면에 실제 F_0가 입사되었다고 가정할 때 규격화되어진 수출광량(Normalized L_w)

t & t_0: 대기의 분산광에 의한 투과도(diffuse transmittance), 각 해수면 →TOA와 TOA → 해수면으로의 방향에 따라 다른 값을 갖는다.

T : 해수면과 위성센서 간의 직 투과도(direct transmittance), 산란에 의해 빛이 분산되는 경우에도 빛이 투과되지 않는다는 개념이다.

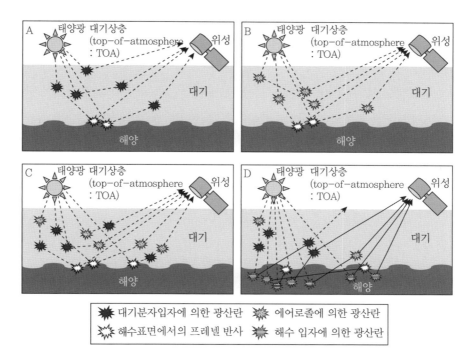

그림 6.2 위성고도인 대기상층(Top-of-atmosphere)에서의 복사휘도(radiance) 구성. (A)는 가장 많은 비중을 차지하는 대기 분자입자에 의한 다중 광산란 복사휘도(L_r), (B)는 에어로졸 입자에 의한 다중 광산란 복사휘도(L_a), (C)는 다중 광산란에 의한 에어로졸 입자와 대기 분자입자 간의 상호작용 복사휘도(L_{ra}), (D) 대기를 투과한(T_d^w) 해수입자 광산란 복사휘도(L_w)

위 식에서 개개의 픽셀에서 L_{wN}(혹은 ρ_{wN})을 어떻게 정밀하게 계산할 수 있는가이다. 오로지 사전 알고 있는 것은 위성으로 관측한 L_t 가 전부이고 나머지는 전부 모르는 값들이다. 다만 관측지역의 기상정보(해수면 바람세기 및 대기압 등)를 얻을 수 있다면 L_r 과 L_{wc} 는 각각 복사전달 시뮬레이션과 통계적 모델로 계산을 할 수 있을 것이다. L_{wN} 를 알아내기 위한 모든 과정을 "**대기보정**"이라 말한다. 위 식 (6.6)에서 대기에서 추가된 광을 "경로광(path radiance)"이라고 부르고 다음과 같이 정의한다.

$$L_{path}(\lambda) = L_r(\lambda) + L_a(\lambda) + L_{ra}(\lambda) \tag{6.7}$$

혹은 (원격)반사도(ρ)로 표현하면;

$$\rho_{path}(\lambda) = \rho_r(\lambda) + \rho_a(\lambda) + \rho_{ra}(\lambda) \tag{6.8}$$

엄격히 말하여 복사휘도(radiance, L)는 AOP에 해당하므로 식 (6.5) 및 (6.6)은 단순 합으로 표현하는 것은 정확하지 않은 표현이라 볼 수 있지만, 여기서는 그러한 오차는 무시하였다.

6.3.2 대기 에어로졸 입자에 의한 다중 광산란 보정

대기분자입자에 의한 다중 광산란은 레일리 산란(Rayleigh scattering)이라고도 불리며, 광산란 정도가 약 파장의 4제곱에 반비례하게 커지는 특성을 가지고 있다. 이런 이유로 레일리 산란이 일어나는 매질은 단파장에서 산란이 더욱 크기 때문에 푸른색으로 보인다. 위성의 TOA 영상에서 레일리 산란에 의한 복사휘도는 청색 파장 기준으로 전체 산란에 의한 복사휘도의 90% 정도를 차지할 정도로 큰 비중을 차지한다. 레일리 산란의 세기는 태양-관측대상-위성의 상대적 각도(θ)에 따라 크게 달라질 수 있으며 복사전달 시뮬레이션을 통해 1% 이내의 오차율로 계산이 가능하다. 레일리 산란은 대기 분자입자의 밀도에 의해서도 크게 달라지는데, 대기 분자밀도의 크기는 시공간적으로 많이 달라지지 않으며 대기압을 통해 밀도에 의한 영향을 보정해 줄 수 있고 대기압에 대한 L_r의 보정 모델은 다음과 같다(Wang, 2005).

$$L_r(\lambda, C_p) = L_r^{1ATM} \times (1 - e^{-coef_r(\lambda) \times \tau_r^{corr}(\lambda, c_p) \times m^{air}}) / (1 - e^{-coef_r(\lambda) \times \tau^r(\lambda) \times m^{air}})$$

$$\tag{6.9}$$

위에서 레일리 산란 보정계수인 $coef_r(\lambda)$은;

$$coef_r(\lambda) = -\{0.6543 - 1.608 \times \tau_r(\lambda)\} + \{0.8912 - 1.2541 \times \tau_r(\lambda)\} \times \log(m^{air})$$

로 주어진다.

여기서 L_r^{1ATM}는 1대기압(1013.25mb)일 때의 L_r이며 $\tau_r^{corr}(\lambda, c_p)$는 대기압 c_p(mb)에서 대기분자입자에 의한 연직 광 두께이다. m^{air}는 태양 천정각과 위성 천정각에 따른 공기질량(air mass)이다. Wang(2005) 모델에 의하면 다음과 같이 계산이 가능하다.

$$\tau_r^{corr}(\lambda, c_p) = \left(\tau_r(\lambda) \times \frac{c_p}{1013.25}\right),$$

$$m^{air}(\theta_s, \theta_v) = \frac{1.0}{\cos\theta_s} \times \frac{1.0}{\cos\theta_v}. \tag{6.10}$$

대기보정에서의 레일리 복사휘도는 단순히 관측 해수·위성 사이에 있는 대기분자입자 광산란만 고려하는 것이 아니라 그림 6.2(A)와 같이 해수표면에서 Fresnel 반사된 레일리 복사휘도까지 모두 고려해야 한다. 해수표면에서의 프레넬 반사율은 해수표면의 거칠기, 즉 바람장(wind field)에 대한 함수이다. 따라서 정확한 레일리 보정을 위해서는 추가적으로 다양한 바람장에 대하여 복사전달 시뮬레이션을 수행하고 이에 대한 보정 모델 또한 구축해야 한다(Gordon and Wang, 1992).

대기 에어로졸 입자의 경우 시공간적으로 에어로졸의 유형 및 농도가 매우 극적으로 달라진다. 또 에어로졸 종류에 따라서 에어로졸 입자에 의한 광산란 및 흡광 특성이 매우 달라지기 때문에 정확한 대기보정을 위해서는 위성영상의 각 화소별 에어로졸의 농도 및 유형을 정확하게 파악해야 한다. 에어로졸의 광산란 값을 보정해주는 방법으로는 BPA(black pixel assumption) 방법(Gordon, 1978), 기계학습 방법(Fan 외, 2021), 파장 최적화 기법(spectral optimization) (Shanmugam & Ahn, 2007; Steinmetz 외, 2011) 등이 있다. 기계학습 방법 혹은 파장 최적화 기법 에어로졸 보정 방법의 경우 구현이 매우 간단할 뿐 아니라 대기보정의 최종 산출물이 항상 타당한 범위 안에서만 산출된다는 장점이 있다. 하지만 이 방법들은 센서의 복사보정이 복사전달 모델과 거의 정확하게 맞아떨어지지 않으면 실질적인 적용이 어려울 수도 있기 때문에 대부분의 해색원격탐사 임무에서는 BPA 방법을 가장 많이 사용한다.

일반적인 해수의 경우 근적외(near-infrared: NIR) 파장 영역에서 해수의 물 분자 흡광이 상대적으로 매우 커져서 해수가 광적으로 완전한 흑체(black body)라고 가정할 수 있다는 것이 BPA 방법의 기본 전제이다. 즉, 근적외 파장대에서는 TOA 복사휘도에서 레일리 광산란 복사휘도를 빼주면 에어로졸 광산란 복사휘도만 남게 되며, 최종적으로 위성으로 산출된 근적외 파장대 에어로졸 반사도 혹은 복사휘도를 다양한 에어로졸 유형과 농도에 대한 복사전달 시뮬레이션 결과와 비교하여 가장 가까운 값들을 찾아내게 된다.

이 BPA 방법들은 에어로졸의 농도와 유형의 추정을 위해 두 개의 NIR 밴드를 사용한다는 점에서 서로 유사하지만 최적의 해를 찾는 과정에서는 서로 약간의 차이가 있다. NASA에서 사용하는 방법은 Gordon and Wang(1994) 방법에 이론적인 기반을 두고 있으며 에어로졸 유형 및 농도(광 두께) 추정을 위해 에어로졸 단일산란 반사도 변수의 기울기 값을 사용한다. JAXA에서 사용하는 방법은 Fukushima 외(1998) 방법에 근간을 두고 있으며 에어로졸 유형 및 광 두께 추정을 위해 에어로졸 광 두께 변수의 기울기 값을 사용한다. ESA의 방법과 KIOST의 방법은 각각 Antoine and Morel(1999) 방법 및 Ahn 외(2016) 방법에 근간을 두고 있으며 가장 현실에 가까운 에어로졸 다중 광산란 변수를 사용해 에어로졸 모델 및 에어로졸 광 두께를 추정해 낸다. 그중에서도 천리안 해양위성 시리즈(GOCI & GOCI-II)에서 사용되는 Ahn 외(2016) 방법은 구현이 비교적 간단하면서도 해를 찾는 과정에서 가장 잔차(residual error)가 적게 발생하는 것으로 알려져 있다(Ahn J.H 외, 2018).

6.3.3 대기 투과도 계산

대기보정의 핵심 기술은 바로 L_t에서 이 경로광을 어떻게 추정하고 제거하는가에 달려있다. 원 해양(Open sea)에서 L_{path}의 크기는 모든 파장대에서 L_t의 90% 이상을 차지하고 있기 때문이다. 그다음 중요도는 대기의 투과도(t)를 구하는 것이다. 이 계수를 구하는 것이 어려운 이유는, t의 광학적 특성이 AOP에 해당하므로 대기의 광 분포 특성(태양고도 및 구름의 양)에 따라 값이 변할 수 있기 때문이다. L_g는 태양의 반사(sun-glint)를 피하기만 하면 원하는 정도의 정확도를 쉽게 얻을 수 있다. L_{wc}의 경우 해수면 표면에서 풍속을 알면 추정이 가능하다.

대기 분자입자 및 에어로졸 입자에 의한 분산 투과율(T_d^v)은 아래와 같이 분자입자 분산 투과율 td_r과 에어로졸 입자에 의한 분산 투과율 td_a로 나누어서 계산이 가능하다 ($T_d^v = td_r \times td_a$). 투과율 td_r와 td_a 모두 비어-람베르트(Beer-Lambert) 법칙을 통해 근사가 가능하며 태양 혹은 위성천정각에 대한 투과율 수식으로 나타내면,

$$td_r(\lambda) = e^{\frac{-0.5\tau_r(\lambda)}{\cos\theta}}, \tag{6.11}$$

$$td_a(\lambda) = e^{\left[\frac{-\{1-\omega_a(\lambda)\eta(\lambda)\}\tau_a(\lambda)}{\cos\theta}\right]} \tag{6.12}$$

와 같다. 분자입자 광산란에 의한 분산 투과도 모델 td_r은 식 (6.11)과 같으며, 대기분자 입자에 의한 광 두께, 즉 레일리 광 두께이다. 에어로졸에 의한 분산 투과도 모델 td_a은 식 (6.12)와 같으며 ω_a은 에어로졸 입자의 단일산란 알베도, η는 에어로졸 입자의 전방 산란 확률, τ_a는 에어로졸 광 두께이다.

지난 20년 동안 위성에 의한 기후변화 연구를 위하여 위성별 조금씩 다른 다양한 대기 보정 기술이 연구되고 개발이 되었다. 개발된 해색위성으로는 OCTS, POLDER-1과 -2, SeaWiFS, MODIS_terra & - aqua, MERIS, GLI 등이 있었고, 2010년에는 세계 최초의 정지궤도 해색위성인 천리안 해양위성(GOCI)이 운용되었다. 다음에서 이들 위성 간에 적용된 L_{path} 대기보정 기술들의 차이점을 알아볼 것이다.

6.3.4 SeaWiFS/MODIS 알고리즘

현재 NASA와 NOAA에서 기본적으로 사용하고 있는 대기보정 기술로 Gordon & Wang(1994)이 개발한 것으로 오랜 운영과 검보정 활동을 통해 그 성능이 잘 검정된 기술이다. 대략적인 접근 방법을 보면;

- 레일리 복사휘도(L_r)는 편광이 고려된 복사 전달(Vector Radiative Transfer: VRT) 시뮬레이션을 통해 다양한 태양-센서 간의 기하학적인 위치 및 해수표면 풍속에 대해 계산된다. 위성영상 모든 픽셀에 대해 복사전달 시뮬레이션을 수행할 경우 많은 시간이 소요되기 때문에 입력변수(기하각, 바람장)를 특정 간격으로 계산하여 조견표(look-up table: LUT)화하고 실제 영상처리 시에는 이들 값을 보간법으로 계산하여 얻는다.
- 해수면의 백색파도(white cap)의 영향인 L_{wc}는 해수면의 바람의 속도에 따라 모델화 되었고, 입력 바람속도는 타 위성관측 실시간, 재분석 기상자료, 혹은 과거 기후정보를 활용함.
- TOA에서 태양반사광($T·L_g$)의 크기는 해수 표면장력파도(capillary wave) 기반 경사면 분포도(Cox & Munk, 1954; Wang & Bailey, 2001) 모델로 추정되었다. 그렇지만 대부분의 경우 해수면 반짝임(sun-glint)은 임계치를 초과한 픽셀은 최종 영상처리에서 제외(mask)되었다.
- $L_a + L_{ra}$ 을 추정하기 위하여, 원 해양에서에서 NIR 밴드의 L_w는 거의 "0"이라는 가정이 사용되었으며, 가시광 영역의 값을 얻기 위하여 이들 에어로졸 스펙트럼의 모양이 사전 모델화되었다. 특히 공기분자와 에어로졸 간의 다중산란(L_{ra})의 효과는 에어로졸의 농도가 높을수록 증가하고 에어로졸의 광특성에 따라 다르게 변하므로 보다 정밀한 값을 얻기 위하여 12개의 다양한 모델에 대한 LUT로 만들었다.
- * 이후부터는 L(radiance)의 개념을 편의상 모두 reflectance(ρ)로 전환하여 사용한다.

Path 광 성분과 해수 반사도를 얻기 위한 과정

① [사용된 에어로졸 종류]
이들 에어로졸의 모델을 보면; 대양성 모델(Oceanic) 1개(상대습도 99%, O99로 명명), 해양성 (Maritime) 모델 4개(상대습도 50%: M50, 70%:M70, 90%:M90 & 99%:M99), 연안성(Coastal) 모델 4개(상대습도 50%:C50, 70%:C70, 90%:C90 & 99%:C99), 대류권(Tropospheric) 모델 3개(상대습도 50%:T50, 90%:T90 & 99%:T99)로 구성하였다. 이들 모델의 공통적 특징은 흡광이 없거나 아주 약하다고 가정하였다. T50의 경우 865nm에서 single scattering albedo의 값은 0.93, O99의 경우 1.0이다. 파장 510~865nm 사이에서 Ångström exponent(5장 5.3.4.3 참조)의 값은 -0.087 (O99)와 1.53(T50)이다.

② [이론적인 Path 반사도의 계산]
이들 12종의 에어로졸은 $\rho_a + \rho_{ra}$을 계산하기 위하여, 복사전달(VRT) 모델(Gordon & Wang 1994a and Wang 2006a)을 사용하여 에어로졸의 농도(τ_a), 파장, 센서 및 태양의 시야각(viewing angle)에 따른 값을 계산하였다. 물론 이때 해수면 바람이나 태양광반사(sun-glint)는 없는 경우이다. 한 태양광의 기하학적인 상태에서 다중산란(multi scattering)에 의한 $\rho_a + \rho_{ra}$는 다시 이론적인 **에어로졸의 단일산란(single scattering) 반사도**(ρ_{as})의 4차 다항식으로 회귀분석 가능하다. 이론적인 ρ_{as}의 식은 다음과 같다.

$$\rho_{as}(\lambda) = \frac{\omega_a(\lambda)\tau_a(\lambda)[P_a(\lambda, \alpha_+) + P_a(\lambda, \alpha_-)[\gamma(\theta) + \gamma(\theta_0)]]}{4\cos\theta\cos\theta_0}$$

$$\equiv \frac{\omega_a(\lambda)\tau_a(\lambda)P_a(\lambda)}{4\cos\theta\cos\theta_0} \tag{6.13}$$

$$\cos\alpha_{\pm} = \cos\theta\cos\theta_o + \sin\theta\sin\theta_o\cos(\Phi - \Phi_o) \tag{6.14}$$

P_a는 주어진 에어로졸의 산란 위상함수이며, θ와 Φ는 센서의 해수면을 보는 천정(zenith)각과 방위(azimuth)각, θ_0와 Φ_0는 태양의 천정각과 방위각이다. γ는 태양의 해수면 입사각(θ_0)에 따른 Fresnel 반사도이다. 위 식에서 보다시피 $\rho_{as} = f(\omega_a, P_a, \tau_a, \alpha, \gamma, \theta, \lambda)$로 주어짐을 명심하자.

③ 에어로졸 모델 Look-up table로 만들기
RT모델로 얻어진 $\rho_a + \rho_{ra}$는 다중산란 광 모델(AOP)이므로 보다 단순한 단일산란 모델(IOP)로 표현할 수 있는 관계를 만들었다. 즉, $\rho_a + \rho_{ra}$를 ρ_{as}의 4차 다항식(식 6.15)으로 연결하고 이에 따른 상수 값을 LUT로 만들었다.

$$\rho_a + \rho_{ra} = a\rho_{as} + b\rho_{as}^2 + c\rho_{as}^3 + d\rho_{as}^4 \tag{6.15}$$

따라서 4개의 상수 a, b, c, d는 주어진 기하각과 12종의 에어로졸 모델에 대한 함수이다.

④ 관측 신호에서 에어로졸 종류 찾기 및 Path 반사도 구하기

위성에서 관측된 $\rho_a + \rho_{ra}$는 위의 이론적인 lookup table 상수 및 에어로졸 타입을 활용하여 가장 유사한 값을 나타내는 ρ_{as}를 찾아낸다. 이때 사용하는 방법이 2개의 근적외 영역 파장대(λ_1, λ_2)에서 관측 값과 모델의 ρ_{as} 스펙트럼의 기울기 값(ε)을 비교(그림 6.3 참조)하여 가장 근접한 에어로졸 종류를 찾아낸다.

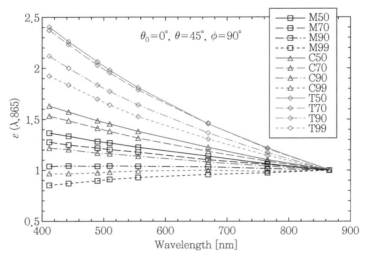

그림 6.3 12개 에어로졸 모델의 $\rho_{as}(\lambda)$를 865nm에서 규격화한 결과 스펙트럼, RT이론으로 계산한 이론적인 $\varepsilon(\lambda, 865)$의 값이다. 입력값으로 태양의 천정각($\theta_0$)은 0, 센서의 천정각($\theta$)은 45도로 한 것임(IOCCG Report Vol.10)

$$\varepsilon(\lambda_1, \lambda_2) \equiv \frac{\rho_{as}(\lambda_1)}{\rho_{as}(\lambda_2)} = \frac{\omega_a(\lambda_1)\,\tau_a(\lambda_1)\,p_a(\lambda_1)}{\omega_a(\lambda_2)\,\tau_a(\lambda_2)\,p_a(\lambda_2)} \tag{6.16}$$

물론 한 픽셀의 NIR 파장대에서 L_{wN}가 "0"이라는 가정이 필요하며, 이 비교로 에어로졸 타입 및 $\rho_{as}(\lambda_{1,2})$ 광학적 두께도 얻게 된다.

최종적으로 Wang & Gordon(1997) 기술로 t_o와 t값이 추정되었으며, 이들 값 및 식 (6.6)을 사용하여 $L_{wN}(\rho_{wN})$의 값이 계산된다. 물론 ρ_{as}의 특성과 ρ_{wN}는 단번에 찾아지지 않으며, $L_{wN}(NIR)$ $\neq$0인 CASE-II 해수에서도 반복적인 방법으로 값을 얻을 수 있게 된다(Siegel et al., 2000).

이러한 절차로 얻어지는 대기보정 방법을 **단일산란 입실론**(Single Scattering Epsilon; SSE) 기술이라고 한다. 그럼 왜 SSE 기술에서는 대기 경로(path)광을 ρ_{as}로 표현하고자 할까? 대기의 존재하는 다양한 에어로졸 형태에서 가장 주류를 이루는 에어로졸 하나를 알아낼 수 있기 때문이다. 그러나 이것이 이 방법의 문제이기도 하다. 즉, 다수의 에어로졸이 동시에 존재한다면 이 기술로는 오차가 발생할 수밖에 없는 기술이기도 하다. 이 한계점은 본 대기보정뿐 아니라 이론적으로 유사한 기반을 가지는 MERIS, OCTS, 및 GOCI 대기보정에도 똑같이 적용된다.

6.3.5 MERIS 알고리즘

Antoine & Morel(1998 & 1999)에 의하여 개발된 기술이다. SeaWiFS와의 가장 큰 차이 점은 경로(path)광의 크기를 추정하는 기술에서 공기분자와 에어로졸 성분으로 구분하지 않고 일괄 처리하였다. 대기권 밖에서 얻어지는 전체 반사도(ρ_t)는 다음과 같이 주어진다;

$$\rho_t(\lambda) = \rho_{path}(\lambda) + t(\lambda)\rho_w(\lambda) \tag{6.17}$$

여기서 ρ_{path} 는 해수에 들어간 광을 제외한 대기 경로 중에 발생하는 모든 광에 의한 반사도, t는 주어진 픽셀과 위성 간의 분산투과도(diffuse transmittance)이다. 기본적인 접근방법은 주어진 에어로졸 형태와 관측 기하각에서, ρ_{path}/ρ_r 비 값과 τ_a 을 단순한 다항식 기반 상관관계화 할 수 있다는 점이다. 이 상관관계는 복사전달 시뮬레이션을 통해 도출되며 에어로졸의 유형을 확정할 수 있는 좋은 변수가 된다. 이 상관관계 모델은 에어졸 유형별로 ρ_{path}/ρ_r 와 τ_a 관계를 2차 다항식 형태로 정의하며 다항식의 상수 값들을 기하각별로 미리 조견표(Look-Up Table: LUT)화하여 저장한다. τ_a 의 값은 실제 대기에서 흔히 관측될 수 있는 범위인 0.5보다 작게 한정하였다. ρ_w 를 구하는 과정은 다음과 같다.

1) 식 (6.17)에서 해수의 신호(ρ_w)가 거의 "0"라고 판단되는 2 파장대 $\lambda_{NIR1}(865)$과 $\lambda_{NIR2}(775)$에서 ρ_{path}/ρ_r를 계산한다. $\rho_{path}(=\rho_t)$는 위성에서 측정된 것이고 ρ_r 는 에어로졸이 없다고 가정하여 계산된 것이고 LUT에 저장된다.

2) 후보로 주어진 에어로졸 유형들에 대해 ρ_{path}/ρ_r 과 $\tau_a(865)$ 관계를 역 상관관계(상관관계가 2차 다항식이기 때문에 역 상관관계는 근의 공식으로 계산)를 이용하여 이론적인 $\rho_{path}/\rho_r(775)$ 모델 값들을 나열할 수 있다.

3) 센서로 얻어진 $\rho_{path}/\rho_r(775)$을 나열된 $\rho_{path}/\rho_r(775)$ 모델 값들과 비교해보면 관측된 값에 가장 가까운 2개의 에어로졸 유형을 선정할 수 있게 된다.

4) 가까운 두 모델 값 $\rho_{path}/\rho_r(775)$와 관측된 $\rho_{path}/\rho_r(775)$ 값을 비교하여 근접도 기반 혼합률(X)을 구한 후 가까운 두 에어로졸 유형에 대해 주어진 혼합률이 파장별로 변하지 않는다고 가정하고 복사전달 시뮬레이션에 의해 계산된(LUT에 저장된) 정보를 바탕으로 에어로졸 유형별 가시광 파장대 ρ_{path}/ρ_r 값을 계산하게 된다.

5) 분산투과도(t)의 값은 Gordon et al.(1983)의 방법으로 구한 후 식 (6.17)로부터 ρ_w의 값을 얻게 된다.

6.3.6 OCTS/GLI 알고리즘

기본 기술은 Fukushima et al.(1988)에 의하여 개발되었으며 SeaWiFS 방법과 크게 다르지 않다. 대략적인 이론은 다음과 같다.

$$\rho_t(\lambda) = \rho_r(\lambda) + \rho_a(\lambda) + \rho_{ra}(\lambda) + t(\lambda)t_0(\lambda)\left[\rho_{wN}(\lambda)\right] \tag{6.18}$$

위 식에서 SeaWiFS 접근법과 차이점은 간략화를 위해 whitecap과 sun-glint를 배제하고 시작하고 있지만 기본적으로 식 (6.6)과 같은 식이다.

상기 식에서 $\rho_{wN}(\lambda)$는 규격화된 해수원격반사도(즉, $\rho_w(\lambda)/t_0(\lambda)$)이다. 그리고 $t(\lambda)t_0(\lambda)$는 태양(위성)과 해수면 간의 분산투과도이다. 위 식에서 대기투과도 계산 방법은 SeaWiFS와 동일하며, 식의 간략화를 위해 생략된 ρ_g(sun glitter)와 ρ_{wc}(white cap) 또한 SeaWiFS와 동일한 방법으로 처리된다.

다른 모든 대기보정 방법들과 마찬가지로 식 (6.10)에서의 ρ_r 값은 복사전달 모델을 통해 이론적으로 정확하게 계산되며 $\rho_a + \rho_{ar}$ 값 계산 방법에서 차이가 있다. 우선 SeaWiFS 알고리즘과 마찬가지로 NIR 밴드에서 $\rho_{wN}(NIR)$의 값을 무시할 수 있다라고 가정(BPA)하여 $\rho_a(NIR) + \rho_{ar}(NIR)$ 의 값을 얻는다. 다음 단계로 MERIS 알고리즘과 유사하게 각각의 에어로졸 모델 및 기하각별로 $\rho_a + \rho_{ar}$ 과 τ_a 의 상관관계를 3차 다항식 관계로 정의 내리고 $\rho_a(NIR) + \rho_{ar}(NIR)$ 를 모든 에어로졸 후보 모델별 $\tau_a(NIR)$ 로 변환한다. 다음으로 변환된 $\tau_a(NIR)$ 값들에 가중치 평균이 적용하여 도출된 두 NIR 밴드 $\tau_a(NIR)$ 기울기와 후보 에어로졸 모델별로 가지고 있는 고유의 $\tau_a(NIR)$ 를 비교하여 최적의 두 에어로졸 모델을 선정하고 각 모델별 기여도를 도출한다. MERIS 알고리즘에서 사용된 방법과 마찬가지로 에어로졸 모델을 알면 모델별 $\tau_a(NIR)$ 를 모든 파장에 대한 $\tau_a(\lambda)$ 로 변환이 가능하며 도출된 두 에어로졸 모델과 $\tau_a \rightarrow \rho_a + \rho_{ar}$ 변환 상관관계를 이용하여 가시광 파장의 $\rho_a(\lambda) + \rho_{ar}(\lambda)$ 를 계산한다.

알고리즘에 사용된 후보 에어로졸 모델은 SeaWiFS 알고리즘보다 적은 10개의 에어로졸 모델을 사용하였으며, 기존 에어로졸들보다 ε 의 값이 극히 작은(입자 크기가 큰) "아시아 먼지에어로졸(Asian dust aerosol)"이라는 모델 하나를 추가하였다.

6.3.7 GOCI-1 알고리즘

GOCI 역시 기본 접근 방법은 위와 크게 다르지 않다. 에어로졸 모델 선택 및 가중치 계산 방법에서 차이가 있다.

안재현 외(2016) 에어로졸 보정 방법은 파장에 대한 에어로졸 반사도의 분광 상관관계(spectral relationship of aerosol multiple-scattering reflectance between different wavelengths: SRAMS)를 사용하고 있다. 특정 i 번째 에어로졸 모델(M_i)에서의 에어로졸 반사도 $\rho_{am}^M(M_i, \lambda_1)$ 는 한 파장(λ_1)에서의 에어로졸 반사도 $\rho_{am}(\lambda_1)$ 에 대한 다항식 상관관계를 식 (6.19) 및 그림 6.4와 같이 가지고 있으며,

$$\rho_{am}(M_i, \lambda_2) = \sum_{n=1}^{D} c_n(M_i, \lambda_1, \lambda_2, \Theta)\rho_{am}(\lambda_1)^n, \tag{6.19}$$

위 식에서 c_n은 상관관계 다항식 모델의 계수이며 이 값은 에어로졸 모델(M_i)별, 파장 (λ_1, λ_2)별 그리고 태양-관측대상-위성의 상대기하각(Θ)에 따라 달라진다. 각 밴드 간 상관관계 모델의 차수는 표 6.1과 같다. 변수 ρ_{am} 는 대기분자입자와의 상호 산란을 동시에 고려한 에어로졸 다중 광산란 반사도이며 이를 수식으로 표현하면,

$$\rho_{am}(\lambda) = \pi\{L_a(\lambda) + L_{ra}(\lambda)\}/\{E_0(\lambda)\cos\theta_s\}, \tag{6.20}$$

여기서 E_0는 대기상층에서 태양에 의한 하향 방사조도이며 태양상수 F_0와(Thuillier 외, 2003) 지구-태양 거리 상수인 AU를 이용하여 F_0/AU^2로 계산할 수 있다.

표 6.1 천리안 해양위성(GOCI-1) 밴드 분광밴드별 에어로졸 반사도 상관관계 모델 다항식 차수(D) (안재현 외, 2016)

λ_1(nm)	865	745	745	745	555	555	555
λ_2(nm)	745	680	660	555	490	430	412
D	2	3	3	4	4	4	4
Min. R^2	0.9998	1.0000	1.0000	1.0000	0.9999	1.0000	1.0000

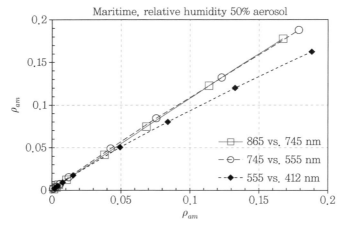

그림 6.4 상대습도 50% 해양성(maritime) 에어로졸 반사도의 분광 상관관계 예시

대기보정 알고리즘마다 에어로졸 반사도 보정을 위해 사용되는 후보 에어로졸 모델이 조금씩 다를 수 있으며 가장 일반적으로 사용되는 에어로졸 모델은 Shettle and Fenn(1979) 혹은 Ahmad 외(2010) 모델이다. 천리안 해양위성의 대기보정에서 사용하는 에어로졸 모델은 초기 SeaWiFS와 마찬가지로 Shettle and Fenn의 모델에서 다음과 같이 9개의 모델을 가져와서 사용하고 있다. 사용중인 에어로졸 모델을 가장 굵은 입자(coarse mode)부터 가장 작은 입자(fine mode) 순으로 나열하자면 상대습도 99%의 oceanic 모델(O99), 상대습도 95, 90, 70, 50%의 해양성(maritime) 모델(M95, M90, M70, M50), 상대습도 70, 50%의 연안 모델(C70, C50), 상대습도 80, 50%의 대류권 모델(T80, T50)이 있다.

표 6.1과 같이 천리안 해양위성의 두 근적외파장 밴드에 해당하는 865nm와 745nm는 2차식 상관관계를 이용하고 있다. 이 상관관계를 이용하여 그림 6.4와 같이 ρ_{am}(865 nm)를 기준으로 모든 후보 에어로졸 모델(M_i)에 대해 ρ_{am}(745 nm) 값들을 나열하면(그림 6.5) 가장 가까운 후보모델 M_L과 M_H를 찾을 수 있으며, 두 에어로졸 모델에 대한 NIR 밴드에서의 반사도 비율은 2차식 근의 공식으로 잔차(residual error) 없이 계산 가능하다.

산출된 모델 M_L과 M_H의 NIR 밴드에서의 반사도 비율(순서대로 w^{M_L}과 w^{M_H})을 바탕으로 ρ_{am}^M(M$_L$, 865 nm) 및 ρ_{am}^M(M$_H$, 865 nm) 값을 구할 수 있고, 이를 바탕으로 식 (6.21)

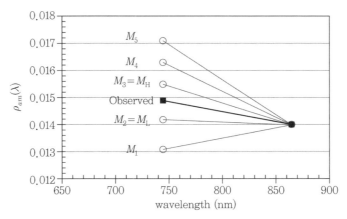

그림 6.5 위성에서 관측된 두 ρ_{am}(NIR)값과 후보 에어로졸 모델의 NIR 밴드 반사도 기울기를 비교하여 가장 가까운 에어로졸 모델 M_L과 M_H를 찾는 과정

을 응용할 경우 다음과 같이 모든 밴드의 에어로졸 반사도 계산이 가능하다.

$$\rho_{am}(\lambda_2) = \sum_{n=1}^{D} c_n(M_H, \lambda, \theta_s, \theta_v, \phi_{sv})\left\{w^{M_H}\rho_{am}^{M}(M_H, \lambda_1)\right\}^n \qquad (6.21)$$
$$+ \sum_{n=1}^{D} c_n(M_L, \lambda, \theta_s, \theta_v, \phi_{sv})\left\{w^{M_L}\rho_{am}^{M}(M_L, \lambda_1)\right\}^n$$

아래 그림은 GOCI-1에 의한 동해(East Sea)의 대기보정 결과를 보여주고 있다.

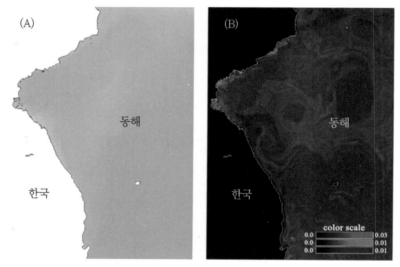

그림 6.6 2011년 4월 5일 12:16 촬영된 천리안해양위성 1호 대기보정 예시 RGB 영상(R: 660 nm, G: 555 nm, B: 443 nm). (A)는 대기보정 이전의 대기상층 반사도 영상이며, (B)는 대기보정 이후의 해수 반사도 영상이다(안재현, 2017)

6.3.8 CASE-II 해역 대기보정

GOCI는 주 관측해역이 동북아의 탁한 해수이다. 따라서 에어로졸 모델 선택이나 보정은 우리 한반도 주변해역의 탁수를 고려한 방법을 사용하고 있다. 즉, 위에서 언급하였듯이 에어로졸 BPA 에어로졸 보정은 NIR 밴드에서 해수의 반사도를 "0"이라고 가정하는 것이 기본 전제이다. 하지만 한반도 연안 및 황해와 같이 부유사로 인하여 탁도가 높은 경우 부유사 입자들의 상대적으로 강한 광 역산란(backscattering) 특성에 의해 더 이상 BPA가 유효하지 않을 수 있다. 이처럼 탁도가 높은 해역에서 두 근적외 파장대를 단적외선 파장대(Shortwave Infrared; SWIR)로 연장시킬 경우 기존의 BPA 대기보정 방법을 그대로 적용시킬 수 있으며 이 방법이 가장 이상적이다. 하지만 천리안 해양위성을 비롯하여 많은 해색위성들은 SWIR 밴드가 없기 때문에 그림 6.7과 같이 NIR 파장 해수반사도 모델과 에어로졸 반사도 모델을 기반으로 하는 반복적인 최적화 기법을 통해 ρ_{wn}

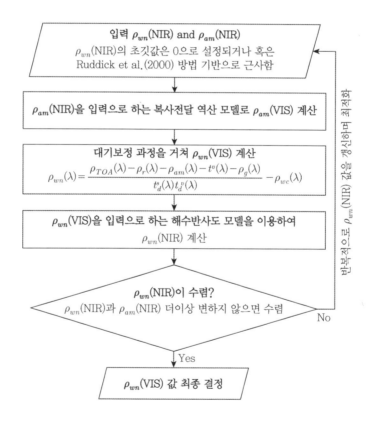

그림 6.7 탁수에서의 에어로졸 반사도 보정 흐름도. 탁수에서는 BPA가 더 이상 유효하지 않기 때문에 NIR 밴드 해수 반사도 모델을 대기보정에 반복적으로 적용시켜 NIR 밴드에서 해수 반사도와 에어로졸 반사도를 분리해낸다(안재현 외, 2022)

(NIR)과 ρ_{am}(NIR)을 분리하는 것이 가장 일반적 방법이다(Siegel 외, 2000; Stumpf 외, 2003; Lavender 외, 2005; Bailey 외, 2010; Wang 외, 2012; Ahn 외, 2012; Ahn과 Park, 2020). 각각의 대기보정들이 서로 다른 NIR 밴드 해수 반사도 모델을 사용하고 있으며 천리안 해양위성의 경우 해수 반사도 분광 상관관계 모델 혹은 해수 고유 광특성 분광 상관관계 모델을 사용한다(Ahn J.H & Park Y.J, 2020).

그림 6.8은 천리안해양위성 1호에 사용되었던 해수 반사도 상관관계 모델의 예시이

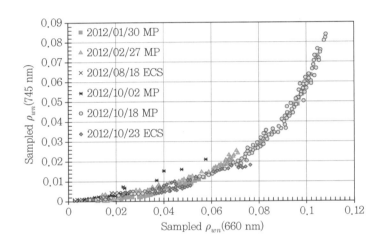

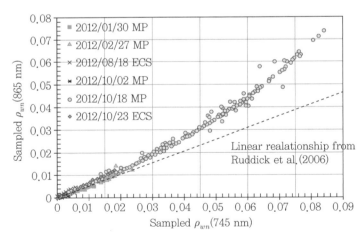

그림 6.8 천리안해양위성 1호의 탁수 대기보정을 위해 사용된 660, 745, 865nm 해수반사도(ρ_{wn}) 분광 상관관계 모델(Ahn J.H 외, 2012; 2015)

다. 분광 상관관계를 위해 식 (6.22)와 같이 660nm 밴드(적색)와 745nm 밴드(근적외) 해수반사도는 5차 다항식을 적용하였으며, 또, 두 NIR 밴드(745, 865nm) 간의 해수반사도 상관관계는 식 (6.23)과 같이 2차 다항식 모델을 적용하였다.

$$\rho_{wn}(745\,nm) = \sum_{n=1}^{5} j_n \rho_{wn}(660\,nm)^n, \qquad (6.22)$$

$$\rho_{wn}(865\,nm) = \sum_{n=1}^{2} k_n \rho_{wn}(745\,nm)^n. \qquad (6.23)$$

제7장

해색위성 알고리즘

07
CHAPTER

해색위성 알고리즘
(Inverse of Ocean Color)

7.1 서론

해양광학이 수중에서 IOP와 AOP의 현상을 다루는 순수 환경광학이라고 본다면, 해색원격탐사(Ocean color remote sensing) 기술은 위성으로부터 관측된 측정값으로 AOP 정보를 추출하고 다시 해수중의 물질정보를 분석해내는 기술이라 볼 수 있다. 다시 말해, 원격으로 해수색(반사도)변화 정보로부터 수중 물질정보(정성적 & 정량적)를 알아내는 기술이다. 센서가 바로 수면 위가 아니고 대기권 밖에서 측정한 값이라면 앞에서 언급한 대기보정이라는 어려운 과정을 거쳐야 한다. 본 장에서는 대기에 의한 신호의 왜곡이 없거나 해소된 상태라고 가정하고 그 이후의 문제를 다룰 것이다.

7.2 (원격)반사도 Foward 모델[15]

해색 알고리즘은 위성에 의한 원격반사도(R_{rs})로부터 수중환경 정보를 역으로 추산하는 기술이므로 R_{rs}의 광학적 모델이 맞지 않으면 역으로 계산된 값이 맞을 수 없을 것이다. 일상적인 해색 영상 처리를 위해 매번 복사전달 계산을 수행하는 것은 비효율적이므로, 미리 다양한 조건에서 계산된 결과를 이용하여 조견표를 만들거나 특정한 변수들에 대하여 간단한 수식, 즉 모형을 만들어 이용한다. 해색위성 자료 분석에는 해수반사도와 고유 광특성 간의 관계를 나타내는 해수원격반사도(R_{rs}) 모델을 이용하는 것이 일반적이다.

해수반사도 모형은 해색자료를 처리에서 중요한 역할을 하므로 이에 대한 다양한 연구가 진행되었다. 초기에는 Morel, Gordon 등 해색 분야의 개척자들이 제안한 수식이 사용되었으나, 최근에는 적용 범위가 확장된 해수반사도 모델이 개발되어 널리 쓰이고 있다.

7.2.1 Morel et al.(1988) 모델

해수면 위(0^+) 원격반사도(R_{rs})와 수면 아래(0^-) 원격반사도(r_{rs}) 관계식으로 출발하며, 관계식은 다음과 같다.

$$R_{rs} = \frac{t_\downarrow t_\uparrow}{n_w^2(1-rR)} r_{rs} \approx \frac{0.52 r_{rs}}{1-1.7 r_{rs}} \tag{7.1}$$

위 식의 왼쪽 등식은 정확한 식(Mobley 1994; Morel et al. 2002)이나 복사 휘도(L)의

---

15 자연 현상을 설명하고자 할 때 그 현상에 영향을 미치는 기본인자들로 구성된 수리적 표현을 말한다. 굳이 우리말로 표현하면 "순방향" 혹은 "전(前)방향 모델"이라 표현한다. 역으로 현장에 관측된 결과로부터 이 수리적 모델을 이용하여 원하는 변수의 값을 유도하는 과정을 역방향 혹은 역전모델(inverse model)이라 한다.

상방($\uparrow$)/하방($\downarrow$) 표면투과율(t) 및 조도(E) 반사도 R이 들어가 있는데, 평균값으로 치환하여 사용하거나 최근에는 오른쪽 근사식(Lee et al., 2002)도 많이 사용되고 있다. 표면 아래 원격반사도와 IOP의 관계식은 다음과 같다(Gordon et al., 1988).

$$r_{rs} = g_1 u + g_2 u^2 \tag{7.2}$$

Lee 등(2002)은 탁한 해역까지 확장되는 g_1, g_2를 각각 0.084, 0.17로 제안하여 많이 이용되고 있다. 여기서 변수 u는 아래와 같이 흡수계수 및 후방산란계수로 표현된다.

$$u = \frac{b_b}{a + b_b} \tag{7.3}$$

해수반사도는 변수 u로 IOP와 연결되고, u는 흡수계수와 후방산란계수에 의해 결정됨을 알 수 있다. 복사전달에 체적산란함수(VSF)가 중요하지만 이를 현장에서 직접 측정하는 것은 아주 제한적으로 가능해졌다(Sullivan & Twardowski, 2009). 일상적인 해양 광학 조사에서는 후방산란계수와 산란계수, 흡광계수를 측정한다.

위의 원격반사도 모형은 천정의 태양, 수직 방향의 휘도에 대한 것으로 방향성을 고려하지 않았다. 실제로는 위성관측이나 현장조사에서 태양각, 센서 측정각은 변하므로 방향에 따른 반사도의 변화에 대한 연구가 진행되었다. Morel 등은 CASE-I 해수(제5장 5.1.8.1 참조) 적용 가능한 엽록소 농도를 입력변수로 하는 f/Q 모델을 제안(Morel and Gentili, 1996)하였으며 해색 자료 처리에 사용되고 있다.

$$r_{rs} = \frac{f(\theta_0,\ Chl)}{Q(\theta_0, \theta, \Delta\phi,\ Chl)} \frac{b_b}{a} \tag{7.4}$$

그러나 탁도가 높은 연안해에서 엽록소 기반 모델은 적합하지 않으므로 이를 극복하기 위한 여러 연구가 진행되었는데, 그중 하나로 연안에서는 부유입자 농도에 따라 매질의 평균 산란위상함수가 좌우되고 해색위성자료에서 입자에 의한 후방산란계수(b_{bp})는 용이하게 추정할 수 있음을 고려하여 아래의 모형이 제안되었다(Park and Ruddick, 2005).

$$R_{rs} = \sum_{i=1}^{4} g_i \left(\theta_0, \ \theta, \ \Delta\phi, \ \frac{b_{bp}}{b_b} \right) u^i \qquad (7.5)$$

여기서 g_i는 θ_0, θ, $\Delta\phi$는 각각 태양천정각, 위성천정각, 상대 방위각이며 b_{bp}/b_b는 입자의 후방산란에 대한 기여도로서 산란위상함수 모양을 결정하는 매개변수이다. 앞서 설명한 원격반사도 모형이 R_{rs}-r_{rs} 관계와 r_{rs}-u 관계식 2단계 모형인 데 반해, 이 모형은 해수표면 위에서 측정한 R_{rs}와 고유 광특성 변수 u와의 관계를 나타내는 것이 특징이다. 다음 섹션에서 설명하는 원격반사도는 이 모형을 사용하여 계산된 것이다.

7.2.2 Zaneveld(1995) 모델

복사전달방정식을 기반으로 상방복사휘도(L_u)에 기여하는 경로 함수(path function)를 전방산란과 역방산란 항으로 구분하여 L_u/E_d°에 대하여 다음과 같은 식을 유도하였다(Zaneveld, 1995).

$$\frac{L_u \left(\theta_0, \theta_v, \phi \right)}{E_d^\circ} = \frac{\beta(\psi)}{-\cos(\theta_v) K_{L_u}(\theta_s, \theta_v, \phi) + c - f_L(\theta_s, \theta_v, \phi) b_f'} \qquad (7.6)$$

여기서 K_{Lu}는 상향복사휘도에 의한 감쇄계수이고 f_L 전방산란광 분포의 형상계수(shape factor)이고, β는 체적산란함수(VSF), c는 빔 감쇄계수이다. 이 식은 매질의 광분포에 의존하는 변수, K_{Lu} 및 f_L를 포함하고 있어, 단순히 복사전달방정식의 다른 표현식으로 볼 수 있으나, 각 변수들이 물리적으로 의미가 있으며 반사도의 양방향성

(bidirectional) 특성이 명시적으로 드러나 있어 표 4.2나 아래에 기술한 반분석적 모형에 비해 장점이 있다.

그렇지만 이 모형에 대한 연구가 그동안 많이 진행되지는 않았다. 한 가지 이유로 원격반사도의 분모 항인 하방조도로 통상적인 하향조도 E_d 대신 하향 스칼라(scalar) 복사조도(E_d°, 제4장 4.2.3 참조)가 들어 있어서 많은 현장자료를 사용할 수 없었다. 또한, K_{Lu}와 f_L에 대한 정확한 수식이 연구되어야 하며 그 결과로 식 (7.6)이 역전(inversion) 모델이 용이하게 구체화되지 못한 점이 있다. 최근 원격반사도의 이방향성 보정 방법에 대한 관심이 높아지면서, 이 모형에 대한 연구가 다시 추진되고 있다.

7.2.3 Lee et al.(2002) 모델

최근 GSM, QAA, GIOP 등의 역전(inversion) 알고리즘에 많이 사용되고 있는 모형을 간단히 소개한다. 원격반사도 모형식은 Gordon et al.(1988)의 수식을 사용하고 탁한 해수에 대한 원격반사도 계산을 확장하여 모형 계수를 개선하였다(Lee et al., 2002).

$$r_{rs} = g_1 u + g_2 u^2$$

$$u = \frac{b_b}{a + b_b} \tag{7.7}$$

여기서 g_1, g_2를 각각 0.084, 0.17로 제시하였다.

원격반사도 모형을 요약하면, 해수면 위 해수반사도는 식 (7.1)에 의하여 해수면 아래 해수반사도로 연결되고 식 (7.7)에 의하여 변수 u로 연결된다. 이 모형은 u가 흡수계수와 후방산란계수에 의해 결정됨을 알 수 있다. 즉, 엄격하게는 복사전달 계산을 위해서는 체적산란함수가 필요하지만 해수반사도는 일차적으로 후방산란계수로 근사할 수 있음을 보여준다.

앞의 분석적 모형과 다르게 식 (7.7)에서는 **이방향성(BRDF)이 보정**[16]된 원격반사도에 대한 모형이다. 통상적인 해색 자료처리에서는 이방향성을 보정하여 원격반사도 산출한 후 위의 식을 적용해야 한다.

7.2.4 Ahn(1990) 모델

처음으로 해수중 개별 물질을 5개의 성분으로 나누고 각각의 비흡광특성(SIOP)과 농도 값으로 반사도(R) 모델(Prieur & Morel, 1975)과 연결시킨다.

$$R(\lambda) = 0.33 \frac{b_{b\ w}(\lambda) + b_{b\ h}(\lambda) + b_{b\ ph}(\lambda) + b_{b\ m}(\lambda)}{a_w(\lambda) + a_h(\lambda) + a_{ph}(\lambda) + a_m(\lambda) + a_{dom}(\lambda)} \tag{7.8}$$

$$a_i(\lambda) = [i] \cdot a_i^*(\lambda)$$

$$b_{b\ i}(\lambda) = [i] \cdot b_{b\ i}^*(\lambda)$$

로 주어진다.

위에서 $[i]$는 개별물질의 농도로; w는 해수, ph는 식물 플랑크톤, h는 박테리아를 포함한 종속영양체, m은 미네랄 입자, dom은 용해유기물질을 나타낸다. 이 모델에서 가장 중요한 것은 개별물질의 비흡광계수(a^*) 및 비역산란계수(b_b^*)이다. 이 모델의 특징은 입력변수인 어떤 IOP를 얻기 위해서 경험적인 관계식을 사용하지 않고, 식물 플랑크톤, 4종의 미네랄, 자가영양체들의 평균치 비흡광과 비역산란계수를 실험실에서 측정된 값을 활용하였다(Ahn, 1990)(제5장 5.1 참조).

---

16 위성이나 현장관측에서 얻어진 R_{rs}는 관측이 수직방향도 아니고 태양의 고도 역시 다양하다. 관측의 일관성이 없다. 그러므로 관측된 원격반사도는, 태양의 고도는 천정각은 0도, viewing 각도 연직하방이라 가정하고 반사도를 전부 같은 광학적 조건하에 보정하여 사용하게 된다.

7.3 3성분 해수 원격반사도 모의실험

여기서는 해색에 영향을 주는 해수성분은 크게 해수 자체와 (미세)조류 입자(algal particles), 비조류 입자(Non-algal Particles; NAP), 용존유기물(Colored Dissolved Organic Matter; CDOM)의 3개 변동 성분으로 나누고 아래 원격반사도(R_{rs}) 모델과 연결하여 개개물질의 영향을 분석하였다. 수식에서 각각의 물질은 첨자 w, ph, nap, g로 나타내었다. 앞에서 이미 언급하였듯이 개개의 구성성분의 기여를 합하면 해수의 총 흡광계수(a)가 된다.

$$a(\lambda) = a_w(\lambda) + a_{ph}^0 \ a_{ph}^*(\lambda) + a_{nap}^0 \ \exp(-S_{nap}(\lambda - \lambda_0)) + a_g^0 \ \exp(-S_g(\lambda - \lambda_0))$$

$$(7.9)$$

여기서 a_{ph}^0, a_{nap}^0, a_g^0는 기준 파장(예: 440nm)에서 식물성 플랑크톤, 비조류입자, 용존유기물의 흡광계수를 나타내고 $a_{ph}^*(\lambda)$, S_{nap}, S_g는 흡수스펙트럼 모양을 결정하는 파장에 따른 기울기 상수들이다. 해수 자체를 제외하고 변동 성분에 의한 기여는 세기를 나타내는 변수에 스펙트럼 모양이 곱해진 형태이다.

비슷한 방법으로 후방산란계수는 해수 자체와 각 성분의 합으로 표현되지만, 용존유기물은 정의에 의해 산란성분이 0이다.

$$b_b(\lambda) = b_{bw}(\lambda) + b_{bph}^0 \ \left(\frac{\lambda_0}{\lambda}\right)^{n_{ph}} + b_{bnap}^0 \ \left(\frac{\lambda_0}{\lambda}\right)^{n_{nap}}$$

$$(7.10)$$

여기서 b_{bph}^0, b_{bnap}^0는 기준파장(예: λ_0 =550nm)에서 각각 식물성 플랑크톤과 비조류입자의 후방산란계수를 나타낸다.

3성분 해수모형은 연안의 해색영상 처리에 통상 적용할 수 있으나, 목적에 따라서는 미세조류 크기(예: pico-, micoplankton 등) 또는 종을 세분하여 취급할 경우도 있다.

지금까지 기술한 원격반사도 모형과 해수모형을 이용하여 성분의 변화에 따라 원격반사도가 어떻게 변화하는지 살펴보자. 성분별 흡수계수, 후방산란계수 계산에 사용된 상수 및 수식은 다음 표와 같다. 참고로 이들 값들은 관심 해역에 따라 달라지므로 현장조사를 기초로 한 적합한 값을 사용해야 하지만, 대체적인 범위는 여러 문헌에 보고되어 있다(예: Werdell et al., 2018).

표 7.1 위 모델에 적용된 변수들의 값

항목	출처 또는 값
$a_w(\lambda)$	Pope and Fry, 1997; Kou et al., 1993
$b_{bw}(\lambda)$	Smith and Baker, 1981
$a_{ph}^*(\lambda)$	Bricaud et al., 1998
a_{nap}^0 [1/m]	$0.01\ TSM\ [TSM\ in\ g/m^3]$
S_g^0 [1/nm]	0.018
S_{nap} [1/nm]	0.008
b_{bph}^0 [1/m]	$0.0036\ Chl^{0.43}\ [Chl\ in\ m\,g/m^3]$
b_{bnap}^0 [1/m]	$0.008\ TSM\ [TSM\ in\ g/m^3]$
n_{ph}	1.0
n_{nap}	0.4

7.3.1 Chl 농도 변화에 따른 R_{rs}의 변화

CDOM=0.003[1/m]과 TSM=0[g/m³]를 고정하고 Chl을 0.03에서 30 [mg/m³]까지 로그스케일로 변화시키면서 원격반사도의 변화를 다음 그림에 나타내었다. Chl이 증가함에 따라 500nm보다 작은 청색 파장(Blue)에서는 해수반사도가 감소하며, 녹·적색 파장에서는 증가함을 보인다. CDOM과 비조류입자의 영향이 거의 없을 경우 청색과 녹색에서 원격반사도의 대비되는 변화는 청녹 밴드비가 엽록소 농도 추정에 적합함을 보여준다.

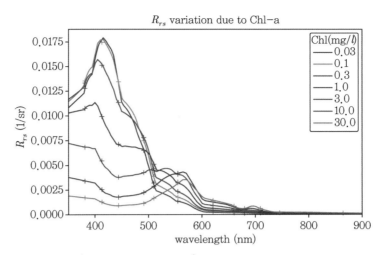

R_{rs} variation due to Chl-a

Chl(mg/l)
— 0.03
— 0.1
— 0.3
— 1.0
— 3.0
— 10.0
— 30.0

R_{rs} (1/sr)

wavelength (nm)

그림 7.1 CDOM(0.003m^{-1})과 TSM 농도(=0g/m^3)를 고정할 때 Chl 변화에 따른 R_{rs}의 변화

7.3.2 NAP(TSM) 변화에 따른 R_{rs} 변화

Chl(1mg/l)과 CDOM(1m^{-1}) 농도를 고정하고 TSM을 0.1~50g/m^{3}까지 로그 스케일로 변화시킬 때 원격반사도의 변화를 그림 7.2A에 나타내었다. TSM이 증가함에 따라 가시광-NIR 전 파장 영역에서 해수반사도가 증가함을 보인다. 녹색-적색 단일 밴드(예: 555nm, 620nm)의 반사도로 TSM을 추정할 수 있음을 알 수 있다. 만약 황해연안과 같은 해역에서 농도가 높은 황토와 같은 무기질 입자들의 농도가 높아지면 상대적으로 550nm 이후의 장파장 영역에서 반사도가 크게 증가하게 된다. 이 결과는 현장관측 자료 (그림 7.2B)와도 잘 일치하고 있음을 보여준다.

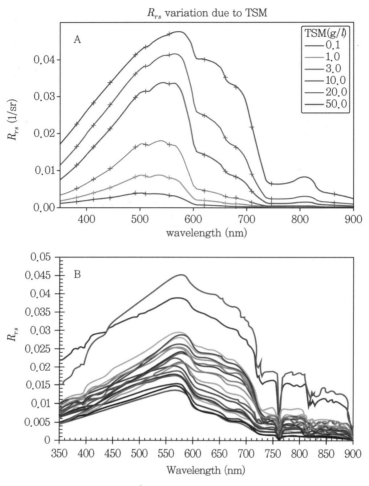

그림 7.2 (A) Chl(1mg/l)과 CDOM(1m⁻¹) 농도를 고정할 때 TSM 변화에 따른 R_{rs}의 변화.

(B) 2007년 한반도 주변 경기만 탁한 해수에서 관측한 R_{rs}. (A), (B)의 스펙트럼의 모양과 값이 유사하다(안유환 등, 2009)

7.3.3 CDOM 변화에 따른 R_{rs} 변화

Chl=1.0[mg/m³]과 NAP=1[g/m³]를 고정하고 CDOM을 0.003에서 1m⁻¹까지 로그 스케일로 변화시키면서 원격반사도의 변화를 다음 그림에 나타내었다. CDOM이 증가함에 따라 청색-녹색 파장에서 해수반사도가 감소한다. 파장이 짧을수록 영향이 크며 적색이상의 파장에서는 영향이 거의 없다. 따라서 짧은 파장에서의 반사도를 사용해야 하지만 일반적으로 위성에서 도출된 원격반사도의 정확도가 낮아지는 점을 고려하여야 한다. CDOM은 용존유기물이므로 값을 농도로 나타낼 수 없고 주어진 기준파장에서 흡광계수로 그 양을 나타낸다(여기서 기준파장은 440nm).

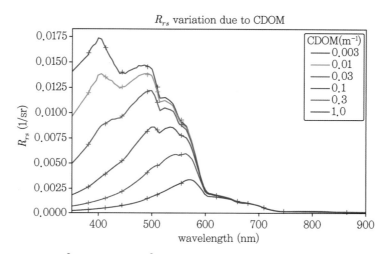

그림 7.3 Chl(=1mg/m^3)과 NAP(=1g/m^3)농도를 고정할 때 CDOM 변화에 따른 R_{rs}의 변화

7.4 역전모델(Inversion Model)

순방향(Foward) 모델을 바탕으로 측정된 해수광신호로부터 수중 환경정보를 얻는 기술을 역전모델(Inverse model)이라 하고, 이로부터 얻어진 간단한 수식을 수중 알고리즘(underwater algorithms)이라고 한다. Morel & Gordon(1980)은 아래와 같이 3가지의 접근 방법을 제안하였다.

- 경험적인 방법(Statical method)
- 반분석적 방법(Semi-analytical method)
- 순수 분석적 방법(Pure analytical method)

7.4.1 경험적 알고리즘

해수의 환경변수가 몇 개의 IOP나 AOP에 의해서 주도될 경우, 간단한 경험적인 식을 통하여 그 환경변수의 정성적/정량적인 정보를 추정할 수 있다. 대양(CASE-I water)에서 IOP 및 해수반사도는 주로 엽록소 농도에 의해 결정되는데, 이 경우 청록 밴드비를 이용하여 엽록소 농도를 구할 수 있다. 탁한 연안 해수에서는 1차적으로 부유입자의 농도(TSM)가 해수반사도(특히 녹색-근적외 파장)를 결정하므로 녹색-근적외의 단일밴드의 반사도와 부유입자 농도를 연결시킬 수 있다. 경험식 알고리즘은 반드시 자료(해수반사도-물리량 짝)를 바탕으로 만들어지는데 통상 현장 측정 자료를 사용한다. 특별한 경우로 위성영상에서 도출된 해수반사도를 사용할 수도 있다. 인공신경망 알고리즘과 같이 많은 자료를 필요로 하는 경우에서 앞서 설명한 순방향 계산을 이용한다.

경험적 알고리즘에서는 단일 파장대 값을 사용할 수도 있지만 주로 밴드비 또는 밴드 간 차이를 이용하는 경우가 많다. 그 이유는 밴드 간 같이 변하는 오차에 대한 민감도를 낮출 수 있기 때문이다. 지역에 특화된 알고리즘 식을 쉽게 만들 수 있으나 타 지역에서는 적용하기 어려울 가능성이 높고, 경험식 알고리즘에서 오차를 추정하기 어렵다.

경험적 알고리즘은 개발자의 현장관측 자료를 기반으로 만들어지므로, 관측지역의 해수특성에 따라 다양한 형태의 알고리즘이 있을 수 있다. 여기서는 대표적이거나 한반도 주변해에서 많이 적용되는 것만을 위주로 소개한다.

7.4.1.1 엽록소 농도 알고리즘

NASA OBPG가 고안한 **엽록소 농도(Chl)**[17] 알고리즘(O'Reilly et al., 1998)은 다음과 같은 형태를 띠며, 전 세계 대양에서 얻어진 자료에 맞게 계수가 조정되었다.

---

17 엽록소(Chl)의 성분은 크게 Chl-a, Chl-b, Chl-c로 나눌 수 있다. 해수에는 Chl-a가 대부분이고 그 외는 소량 포함되어 있다. 따라서 Chl-a은 총 Chl보다 값이 작으나 거의 유사한 값으로 보아도 된다.

$$Chl\text{-}a = 10^{c0 + c1^* \log R + c2(\log R)^2 + c3(\log R)^3 + c4(\log R)^4} \tag{7.11}$$

여기서 SeaWIFS 알고리즘의 경우 c0=0.3272, c1=-2.9940, c2=2.7218, c3=-1.2259, c4=-0.5683, R은 아래와 같이 세 개의 밴드비 중 최댓값을 사용한다. 최대 청록 밴드비 알고리즘이라고도 부른다.

$$R = \frac{max \ \ (R_{rs}(443), R_{rs}(490), R_{rs}(510))}{R_{rs}(555)} \tag{7.12}$$

GOCI-1의 엽록소 알고리즘(안유환 등, 2009)은 아래와 같다.

$$Chl\text{-}a = 1.852 R^{-3.263} \tag{7.13}$$

$$R = \frac{R_{rs}(443) + R_{rs}(490) - R_{rs}(412)}{R_{rs}(555)}$$

이외에도 연안에서 엽록소 알고리즘으로 Tassan(1994)이 많이 이용되고 있으며, 한·일·중 3국 연안해역(황해-동중국해에서 관측한 통합 자료를 활용하여 개발된 YOC 알고리즘(Siswanto et al., 2010)이 있다(표 7.2 참조).

표 7.2의 OC2v2, OC4v4, YOC Chl-a, GOCI Chl-a 알고리즘들을 이용하여 산출된 한반도 주변 해역에서의 SeaWiFS 위성자료에 적용해본 결과 대부분의 해역에서 GOCI Chl-a와 YOC Chl-a 알고리즘들을 사용했을 경우가 OC4v4와 OC2v2 알고리즘을 사용했을 때보다 감소된 엽록소 농도 분포 패턴을 보여준다. 특히 YOC Chl-a 알고리즘은 연안에 가까운 해역이나 탁도가 높은 해역에서 GOCI Chl-a 알고리즘보다 더욱 감소된 엽록소 농도 분포 패턴을 보여주었다. 이것은 CASE-II 해수에 특화된 지역 알고리즘으로 부유물입자(SS)의 영향을 고려한 합당한 결과라고 사료된다.

표 7.2 해역별 개발된 Chl 농도 알고리즘

이름	알고리즘	문헌	RMSE
OC2v2	$Chl = 10^{(0.2974 - 2.2429R + 0.8358R^2 - 0.0077R^3)} - 0.0929$ $R = \log_{10}\left(\dfrac{R_{rs}(490)}{R_{rs}(555)}\right)$	O'Reilly et al. (1998)	0.28
OC4v4 (SeaWiFS standard)	$Chl = 10^{(0.366 - 3.067R + 1.930R^2 + 0.649R^3 - 1.532R^4)}$ $R = \log_{10}\left(\dfrac{Max\ \left(R_{rs}(443), R_{rs}(490), R_{rs}(510)\right)}{R_{rs}(555)}\right)$	O'Reilly et al. (1998)	0.30
YOC	$Chl\text{-}a = 10^{(0.25484 - 3.12684R + 0.14715R^2)}$ $R = \log_{10}\left(\dfrac{R_{rs}(443)}{R_{rs}(555)}\left(\dfrac{R_{rs}(412)}{R_{rs}(490)}\right)^{-0.8}\right)$	Siswanto et al. (2010)	0.23
GOCI-1	$Chl\text{-}a = 1.8528R^{-3.263}$ $R = \dfrac{R_{rs}(443) + R_{rs}(490) - R_{rs}(412)}{R_{rs}(555)}$	Ahn et al. (2009)	0.19

7.4.1.2 Line height 기술

측정 $R_{rs}(\lambda)$ 스펙트럼에서 피크(peak)나 함몰(dip) 파장대는 특정 물질의 양에 따라 결정되는 파장대일 가능성이 높다. 이 값(높이)은 측정 해수반사도(실제)와 주변의 파장을 연결하는 기준선(기준값)과의 차이이다. Gower(2008)는 MERIS의 709nm에서의 형광선 높이를 활용하여 고농도 엽록소를 검출할 수 있음을 보였다. Hu 등(2011)은 빈영양 상태의 대양에서 보다 정확한 엽록소 농도를 추정하기 위하여 아래와 같은 클로로필 인덱스(CI) 알고리즘을 제안하였다.

$$CI = R_{rs}(555) - \left\{ R_{rs}(443) + \frac{R_{rs}(670) - R_{rs}(443)}{670 - 443}(555 - 443) \right\}$$

여기서

$$Chl_{CI} = 10^{-0.4909 + 191.659\ CI} \quad \left[CI \le -0.0005 sr^{-1} \right] \tag{7.14}$$

최근 NASA OBPG에서는 엽록소 농도가 0.15mgm³ 이하인 경우 CI 알고리즘을, 0.2 이상에서는 OC 알고리즘을, 그 사이에서는 가중평균을 사용하고 있는데, GOCI-I & II에서도 형광 밴드가 있어 이 알고리즘을 개발하였다.

다음 그림은 GOCI-1에서 개발한 형광신호의 Line height(ΔFLU) 기술을 보여준다. 형광 파장은 680nm 주변에서 얻어진다. 이 피크 파장은 Chl 농도가 증가함에 따라 우측으로 변경(shift)될 수 있음(제3장 3.12.1.3 참조)에 유의해야 한다. 얻어진 형광신호 크기를 이용한 Chl 알고리즘은 다음과 같다.

$$Chl\text{-}a = 605,900 \cdot \Delta Flu(681)^{1.48} \tag{7.15}$$

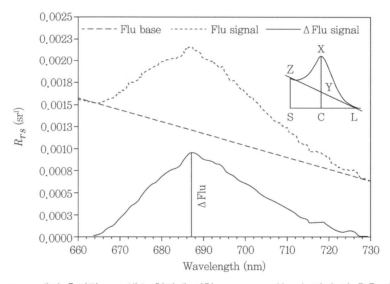

그림 7.4 685nm에서 측정된 Chl 색소 형광에 의한 line height(ΔFlu) 정의 및 추출 개념도

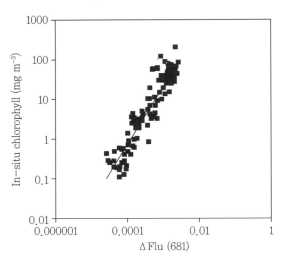

그림 7.5 GOCI-I을 위한 형광 알고리즘. 현장 관측된 클로로필 농도와 R_{rs}에서 ΔFlu(681nm)의 상관관계를 보여준다(Ahn & Shanmugam, 2007)

7.4.1.3 총부유입자 농도 알고리즘

앞의 해수반사도 모의계산에서 결과에서 보듯이 TSM은 R_{rs}와 SS의 비(non) 흡광밴드와 가장 유의성이 크다. 모델에 밴드의 절댓값에 따라 변하므로 단일밴드 알고리즘을 사용할 수 있다.

GOCI-1의 TSM(g/m³)은 아래 식과 같이 555nm 파장에서의 반사도 값을 이용하여 추정하였다(Ahn 등, 2009).

$$TSM = 945.07\left(R_{rs}(555)\right)^{1.137} \tag{7.16}$$

단일파장의 해수반사도는 TSM이 높아짐에 따라 포화가 일어나는데 파장이 길어지면 높은 농도에서 포화가 생긴다(Nechad et al., 2010). 따라서 TSM이 높아짐에 따라 사용하는 파장도 녹색에서 적색, 근적외선 영역으로 옮겨가야 한다.

GOCI-2에서는 $R_{rs}(620)$과 $R_{rs}(709)$ 사용하는 수식을 연계하여 사용하고 있다.

$$TSM(\lambda) = \sum_{i=0}^{3} c_i \left(R_{rs}(\lambda_T) \right)^i \qquad (7.17)$$

$$c_i = \left[1.067E+03, -8.36E+04, 5.95E+06, -1.88E+07 \right] \ \left(\lambda_T = 620 \text{nm} \right)$$

여기서 $R_{rs}(620)$이 0.017sr^{-1}보다 작을 경우 아래의 계수를 사용하고,

$$c_i = \left[1.067E+03, -8.36E+04, 5.95E+06, -1.88E+07 \right] \ \left(\lambda_T = 620 \text{nm} \right)$$

$R_{rs}(620)$이 0.0245보다 클 경우는 다음 계수를 이용한다.

$$c_i = \left[3.19E+01, -1.10E+03, -7.73E+03, 9.64E+06 \right] \ \left(\lambda_T = 709 \text{nm} \right)$$

$R_{rs}(620)$이 0.017sr^{-1}과 0.0245sr^{-1} 사이에 있을 경우 위의 두 경우를 선형 보간하여 계산한다.

표 7.3 TSM 알고리즘의 비교

이름	알고리즘	문헌	RMSE
Clark TSM (SeaDAS)	$TSM = 10^{0.51897 - 2.24106\ R + 1.20113\ R^2 - 4.35315\ R^3 + 9.07162\ R^4 - 5.10552}$ $R = \log_{10}\left(\dfrac{nL_w(412) + nL_w(443)}{nL_w(510)} \right)$	MODIS (1997)	0.61
YOC TSM	$TSM = 10^{(0.73789 + 22.7885\ R1 - 0.57437\ R2)}$ $R1 = R_{rs}(555) + Rrs(670) \ \ \& \ \ R2 = \dfrac{R_{rs}(490)}{R_{rs}(555)}$	Siswanto et al. (2010)	0.33
GOCI TSM	$TSM = 945.07\ R^{1.137}$ $R = R_{rs}(555)$	안유환 등 (2009)	0.28

7.4.1.4 용존유기물(CDOM) 농도 알고리즘

CDOM은 해수에 녹아있는 고분자물질이므로 광을 산란시키지 못하며 흡수하는 성질이 있고 해색에서는 특정 파장(예: 400, 412, 440nm 등)에서의 흡수계수를 말하며, 식물 플랑크톤의 흡광계수가 440nm에서 피크가 발생하므로 서로 비교해보기 위해 440nm

의 $a_g(440)$을 CDOM 농도로 주로 정의하여 사용하고 있다. 전체 광흡수에서 CDOM 차지하는 비율은 상당한 변동성을 보이며 440nm에서 전체 흡수의 50% 이상을 차지할 수 있으나(Organelli et al., 2014) 탁한 연안에서는 부유물질의 흡수에 비해 상대적으로 작다. 또한 CDOM이 큰 영향을 주는 412 또는 그 이하의 파장에서 대기보정 오차가 증가하여 위성기반의 CDOM의 정확도는 낮은 편이다. 그럼에도 불구하고 특정 영역에 적합한 CDOM 알고리즘은 현장자료를 바탕으로 구성하여 위성자료 처리에 사용하고 있다. Carder 등은 MODIS 처리를 위한 경험적 알고리즘으로 두 개의 밴드비를 이용하는 수식을 제안하였고(Carder et al., 2003), Mannino 등은 미국 동부 연안의 현장 자료를 바탕으로 밴드비, QAA, 다중선형회귀, 확산감쇄계수를 이용한 알고리즘 연구를 통하여 다중선형회귀식이 적합하다고 보고하였다(Mannino et al., 2014). 여기서 CDOM은 DOM의 주성분이므로 같이 보아도 무방하다.

표 7.4 DOM 알고리즘의 비교

이름	알고리즘	문헌	RMSE
GOCI-I $a_{dom}(400)$	$a_{dom}(400) = 0.2355\ R^{-1.3423}$ $R = \dfrac{R_{rs}(412)}{R_{rs}(555)}$	Ahn et al. (2009)	0.18
GOCI-I $a_{dom}(412)$	$a_{dom}(412) = 0.2047\ R^{-1.3351}$ $R = \dfrac{R_{rs}(412)}{R_{rs}(555)}$	Ahn et al. (2009)	0.18
YOC $a_{dom}(440)$	$a_{dom}(440) = 10^{(-1.11529 - 1.38942\ R + 0.51803\ R^2)}$ $R = \log_{10}\left[\left(\dfrac{R_{rs}(490)}{R_{rs}(555)} \right) \left(R_{rs}(443) \right)^{0.1} \right]$	Siswanto et al. (2010)	0.24

GOCI-II에서 CDOM(440nm에서의 흡수, $a_g(440)$) 알고리즘은 다음과 같이 Tassan(1994) 형태의 수식을 사용하고 한반도 주변 해에서 취득한 현장자료에 맞게 계수를 교정하였다.

$$a_g(440) = 10^{-1.23 - 2.311\log R - 2.16(\log R)^2} \tag{7.18}$$

여기서, R은 다음과 같이 정의된다.

$$R = \frac{R_{rs}(490)}{R_{rs}(555)} \left(R_{rs}(412)\right)^{0.059} \tag{7.19}$$

7.4.2 반분석적(Semi-Analytical) 알고리즘

반사도 모델링 시 우리는 필수적으로 흡광계수(a)와 역산란계수(b_b)를 연결하게 되고 최종적으로 개별물질의 IOP가 얻어진다. 이때 IOP 혹은 AOP와 물질농도 간에 경험적인 지식을 바탕으로 모델링되어 최종 물질 농도/값을 얻는다면 반경험적 혹은 반분석적 방법이라 한다. 예를 들면 Chl-K, K-a, Chl-b_b와 등의 혹은 관계를 활용하는 것이 해당된다.

7.4.3 순수분석적(Pure Analytical) 방법

7.4.3.1 Ahn(1990) 모델

RTE 반사도 모델이 개별물질의 IOP와 직결되고 IOP는 다시 SIOP로 연결되어진 모델로부터, 역으로 물질농도를 얻는 직접 얻어지는 경우이다. 여기서는 어떤 경험적/통계적 자료가 관여되지 않는다. 여기서는 필연적으로 해를 얻기 위해서는 다양한 역전(Inverse) 모델이 존재하게 된다. 개발된 역 모델은 다음과 같다. 식 (7.8)에서 SIOP를 연결하여 다음과 같은 단순한 식으로 표현하였다.

$$R(\lambda) = 0.33 \frac{X_h B_h(\lambda) + X_{ph} B_{ph}(\lambda) + X_m B_m(\lambda) + C_w(\lambda)}{X_h A_h(\lambda) + X_{ph} A_{ph}(\lambda) + X_m A_m(\lambda) + X_{dom} A_{dom}(\lambda) + D_w(\lambda)} \tag{7.20}$$

그리고 위 식을 파장별(400~700nm) 1차 선형식으로 표시하면;

$$\alpha_{hi} X_h + \alpha_\phi X_{ph} + \alpha_{mi} X_m + \alpha_{dom\,i} + X_{dom} = \beta_i \,(i = 1 - 61) \qquad (7.21)$$

여기서 i는 400nm에서 700nm까지 5nm 간격으로 61개의 파장대를 의미한다.

$$\alpha_{ij} = R_i A_{ij} - 0.33\, B_{ij}$$

$j(1\sim4)$는 h, ph, m과 dom을 의미한다.

$$\beta_i = 0.33\, C_i - R_i D_i$$

위에서 식은 61개이고 4개의 미지수(j)가 존재하므로 해를 얻으려면 최적화 기법으로 다음과 같이 행렬(matrice)계산에 의한 해(solution)가 얻어진다.

$$X_{(h, ph, m, dom)} = \left[\alpha^T \alpha\right]^{-1} \left[\alpha^T \beta\right] \qquad (7.22)$$

위에서 α^T는 α 행과 열이 바뀐 전치(transpose) 매트릭스이고 $\left[\alpha^T \alpha\right]^{-1}$는 $\left[\alpha^T \alpha\right]$의 역(inversion) 행렬이다. 일반적으로 해가 존재하지만 경우에 따라서는 음(negative)의 값이 얻어지기도 한다. 이런 경우에는 강제조건과 뒤에 이어지는 반복적 방법(7.4.3.4)으로 수렴하는 해를 얻을 수 있다.

7.4.3.2 Wang et al.(2005) 모델

순(foward)방향 모델과 반대로 해수반사도(R_{rs})로부터 각 성분의 IOP를 도출하는 과정이 역전(inversion) 과정이다. 역전 과정은 앞서 기술한 원격반사도 모형과 IOP모형을 온전히 사용할 경우 여러 개의 해가 존재하거나 물리적으로 불가능한 해를 가질 수 있다. 그 이유는 분광모양이 유사한 IOP는 구별하여 추정하기 어렵기 때문이다. 따라서 역전 과정을 위한 IOP 모형은 순방향 모델의 것과 조금 달라져야 한다. NAP에 의한 흡수와 용존유기물에 의한 흡수 스펙트럼은 그 모양이 유사하고, 식물성 플랑크톤 및 NAP의 후방산란 스펙트럼도 유사하게 다루어진다. 따라서 역전 문제에서는 두 개의 흡수변수 (a_{ph}^0, a_{dg}^0)와 하나의 후방산란계수(b_{bp}^0)를 도출하는 문제로 아래와 같이 간략화된다.

$$a(\lambda) = a_w(\lambda) + a_{ph}^0 \ a_{ph}^*(\lambda) + a_{dg}^0 \ \exp(-S_{dg}(\lambda - \lambda_0))$$

$$b_b(\lambda) = b_{bw}(\lambda) + b_{bp}^0 \ \left(\frac{\lambda_0}{\lambda}\right)^{n_p}$$

해수반사도 역전을 위한 방법은 다양하지만 여기서는 잘 알려진 행렬 역전(matrix inversion) 알고리즘, 비선형 최적화 알고리즘, 단계별 수식(stepwise algebraic) 알고리즘을 간단히 소개한다.

행렬 기법은 두 단계로 구성되어 있다. 첫째는 측정된 원격반사도를 u로 변환 $(R_{rs}(\lambda_i) \rightarrow r_{rs}(\lambda_i) \rightarrow u(\lambda_i)$하는 과정이다. 앞서 기술한 2단계 원격반사도 모델을 이용하면 아래와 같이 정리할 수 있다.

$$u(\lambda_i)a_{ph}(\lambda_i) + u(\lambda_i)a_{dg}(\lambda_i) - (1 - u(\lambda_i))b_{bp}(\lambda_i)$$

$$= -a_w(\lambda_i)u(\lambda_i) + b_{bw}(\lambda_i)(1 - u(\lambda_i))$$

이 식은 미지수가 3개$(a_{ph}^0, a_{dg}^0$와 $b_{bp}^0)$인 일차방정식이므로 세 밴드에서의 원격반사도 측정값이 주어지면 세 개의 일차식을 구성할 수 있으므로 선형대수 방법을 이용하여 미지수를 구할 수 있다(Hoge and Lyon, 1996). 실제로는 3개 이상의 분광밴드에서 원격반사도가 주어지므로 미지수의 수보다 방정식의 수가 더 많은 과(over) 결정된 연립방정식이 되는데 최소자승법을 이용하여 최적을 해를 구할 수 있다(Wang et al., 2005). 이 모델은 바로 위의 Ahn(1990)의 모델과 유사하다,

위에서 얻은 행렬해법은 반사도와 IOP 간에 선형적 관계가 있다고 보았을 때 해가 존재하게 된다. 그러나 R과 IOP 간에는 비선형관계가 존재하는 것이 일반적 현상이다. 이에 대한 해법으로 다음과 같은 방법이 존재한다.

7.4.3.3 비선형 최적화 알고리즘

주어진 원격반사도에 최적화된 IOP 파라미터를 구하는 알고리즘이다. 최소화해야 하는 비용함수(cost)는 아래 식과 같은 밴드별 모델-측정 원격반사도의 차이의 제곱의 합이다.

$$\text{cost} = \Sigma_{i=1}^{n}\Big(R_{rs}\big(a_{ph}^{0},\ a_{dg}^{0},\ b_{bp}^{0}, \lambda_i\big) - R_{rs_t}(\lambda_i)\Big)^2 \tag{7.23}$$

원격반사도는 a_{ph}^{0}, a_{dg}^{0}와 b_{bp}^{0}의 비선형 함수이므로 비선형 최적화 기법이 사용된다 (Maritorena et al., 2002). 비선형 최적화 기법에는 Gauss-Newton 알고리즘, Levenberg-Marquardt 알고리즘(Vetterling et al., 1992) 등 다양한 방법이 있다.

비선형 최적화 방법은 상대적으로 최적화를 위한 높은 계산능력이 필요함에도 불구하고, 원격반사도의 측정오차를 고려할 수 있는 점, 찾는 범위를 제한할 수 있는 점 등 장점이 있다. 이 방법을 기반으로 하는 GIOP(Generalized IOP) 알고리즘은 NASA의 고유 광특성 산출물 생산에 사용되고 있다(Werdell et al., 2018).

7.4.3.4 반복적(Iteration) 기법

이 기술 역시 비선형 최적화 기법 중의 하나이다. 식 (7.22)의 해는 R과 IOP 간에 선형 관계가 성립되어 있을 경우에 해를 얻는 방법이다. 다시 말해, a_{ph}^{*}가 변하지 않는 일정한 값인 경우에 해가 된다. 그러나 현실적으로 SIOP의 값은 고정이 아니다(제3장 3.9 참조). CHL 입자의 경우, 자신의 농도에 따라 변하는 값이다. 그래서 식 (7.22)에서 최적화 행렬에 의한 CHL 해를 일차 얻은 후 다시 변경된 a_{ph}^{*}를 재입력하여 해를 얻고 이 과정이 반복되어 안정화될 때까지 반복하게 된다. 이 반복적인 해는 모델의 성분 모두에 적용되어 안정화된 해를 얻을 수 있는 하나의 기술이다.

7.4.3.5 단계별 수식(Stepwise algebraic) 기법

준 분석적알고리즘(Quasi-analytic algorithm; QAA)(Lee et al., 2002)으로, 앞의 반분석적 방법과 유사한 알고리즘이다.

이 방법은 앞서 기술한 2단계 원격반사도 모형을 이용하여 $R_{rs} \to r_{rs} \to u$로 변환한다. 이후 다음의 단계를 거쳐 IOP를 추정하는 알고리즘이다

Step 1) 기준 파장(550,555)에서 흡수계수를 경험식으로 추정하고 u를 이용 기준파장에서 후방산란계수(b_{bp}^0)를 계산

Step 2) 후방산란계수의 모양 계수(n_p)를 밴드비로 추정하고, 각 파장대에서 후방산란계수($b_b(\lambda)$)를 계산

Step 3) 각 파장대에서 u를 이용 전체 흡수계수($a(\lambda)$)를 구함

Step 4) $\zeta = a_{ph}(412)/a_{ph}(443)$, $\xi = a_{dg}(412)/a_{dg}(443)$을 추정하고 이를 이용 $a_{ph}(443)$과 $a_{dg}(443)$을 분리하여 구함

이 알고리즘은 단계별 경험식이 현장 데이터에 맞추어져 탁도가 높지 않은 경우에는 타당한 고유 광특성을 산출하는 것으로 알려져 있다. 경험식(특히 Step 1)이 적용되지 않는 환경(예: 한반도 남서해역 탁수)에서는 오차가 커지므로 사용상 주의가 필요하다.

7.4.4 인공신경망(Artificial Neural Networks; ANN) 알고리즘

기계학습(machine learning) 혹은 딥러닝(deep learning) 알고리즘이라고도 한다. 사람이 판단의 기준을 정하지 않고 컴퓨터가 수많은 자료로부터 모든 변수 간의 상호관계를 추론/인식하는 정보처리 기술을 의미한다. 이 ANN 기술의 정밀도는 수많은 축적된 자료로부터 상호관계를 학습(training)시켜야 하며, 학습량이 많을수록 좋은 결과를 얻게 된다. 만약 잘못된 정보가 입력되어 학습되었다 하더라도 오류의 일관성만 있다면

결과는 좋을 수 있을 것이다.

그림 7.6에서는 ANN의 작동 원리를 간략하게 보여준다. 해색원격탐사라고 가정한다면, "Input Layer"는 입사 태양광세기, 태양고도, 픽셀위치, 해양반사도, 구름 양, 수온, 바람세기 등이 될 수 있을 것이고, 이 정보들은 원인에 해당하는 학습자료에 해당된다. "Output layer"는 Input layer에 의하여 복합적으로 나타나는 자연현상 결과 입력자료(SS 양, 클로로필 농도, CDOM 등)가 된다. 그 중앙에는 우리가 알 수 없는 수많은 변수들이 생성되지만 인간은 알 수 없는 변수와 그 계수값들이다. 이 영역을 컴퓨터만 알고 있는 "Hidden layer"라고 한다.

즉, 해양원격탐사 기술에서 활용되는 분야는, 연안 해양환경정보 분석처리에서 기존의 표준 알고리즘보다 우수하다는 연구가 보고되고 있으며(Mograne et al., 2019), 유럽 우주국(ESA)의 해색위성인 MERIS 대기보정에서 ANN 기술이 표준알고리즘으로 채택되기도 하였고, 최근에 Fan 등(2021)은 대기보정과 대기 성분추정을 동시에 수행하는 우수한 방법으로 제안하기도 하였다.

최근 인공신경망에 대한 기대가 높아지고 있는 것은 기존의 알고리즘이 할 수 없었던 새로운 일을 할 수 있기 때문이다. 전통적인 비선형회귀 모델로서의 인공신경망은 픽셀

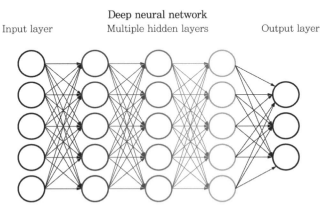

그림 7.6 인공지능의 작동원리를 보여주는 구조도. Input layer와 Output layer가 학습자료가 된다. Hidden layer는 입력 2 변수 사이에 연결되는 신경망으로 우리는 알 수 없는 영역이다(IBM Cloud Education, 2020)

별로 다분광 밴드를 분석하는 것이었다면, 합성곱 신경망(convolution neutral network, CNN) 기법은 여기에 더하여 공간적인 정보를 처리(영상분할, 패턴인식)하는 장점이 있다. 예를 들어, 영상분할에 장점을 보이는 인공신경망을 활용하여 고해상도 괭생이모자반을 탐지하였다(Wang and Hu, 2021). 또한 CNN, U-Net, 또는 GAN(Generative Adversarial Nework) 기술의 발전은 하나의 영상에서 다른 영상을 유추할 수 있으며, 더 나아가 해색자료의 단점 중에 하나인 시공간적 결측 자료를 보간하기 위한 방법으로 시도되고 있고, 단기 예측 자료 생산에도 활용 가능성이 있어 활발히 진행 중이며 일부 연구 성과가 알려지고 있다. 인공신경망 알고리즘은 학습자료에 대한 의존성이 매우 높으므로 독립적인 검증이 매우 중요하겠지만, 앞으로 활용분야를 급속히 확장해 나갈 것으로 예상된다.

이 기술의 가장 큰 맹점은 자연현상을 설명하는 데 과학적인 이론의 전개(forward model)나 수식적 알고리즘이 전혀 필요하지 않으며, 그 해가 얻어지는 과정은 누구도 알 수 없다는 것이다. 따라서 인공신경망에서 부정확한 결과가 나왔다면 그 이유를 분석하기 어렵고, 재학습 외에 알고리즘을 수정할 방법이 없기 때문이다. 현재로는 현실적으로 기존의 방법을 대체하기에는 아직은 제한적이라는 것이 과학자들의 의견이다.

맺음말
Conclusion

해색위성을 이용한 원격탐사 기술은 이제 해양연구의 주요기술로 해양생태 및 기후변화연구에 필수불가결한 도구가 되었다. 특히 한국에서는 2010년 정지궤도 위성 탑재체 GOCI-1에 이어서 GOCI-2가 개발 · 운용되고 있다. 지금까지 극궤도 위성이 할 수 없었던 준 실시간으로 해양현상을 보여주는 큰 이점은 어떠한 해양관측보다 현실감을 주고 있다. 그러나 위성관측에서 해수 정보값를 정량화하는 기술에는 아직도 많은 문제점이 있는 것은 사실이다. 이것이 이 책을 발간한 이유이기도 하다. 본 저서에는 해양광학을 기본으로 위성 해수정보를 분석하는 기술에 접근하는 과정을 보여주고 있으나 아직도 부족한 점이 너무나 많다. 이러한 문제 해결을 위한 하나의 첫걸음으로 이 분야 연구자들에게 도움이 되길 기대한다. 국내 처음 발간되는 분야라 내용이 부족하고 이해가 되지 못할 수 있는 부분이 있을 것으로 생각된다. 추후 가능하면 새 버전으로 보완되어 출간되기를 희망하며, 아래 저자들에게 문의하면 성심껏 답할 것을 약속드린다.

안유환 : yhahn48@gmail.com
박영제 : youngjepark@kiost.ac.kr
안재현 : brtnt@kiost.ac.kr

참고문헌

Aas, E. (1984). Influence of shape and structure on light scattering by marine particles. Institute report series (Universitetet i Oslo. Institutt for geofysikk).

Ahmad, Z., Franz, B. A., McClain, C. R., Kwiatkowska, E. J., Werdell, J., Shettle, E. P., & Holben, B. N. (2010). New aerosol models for the retrieval of aerosol optical thickness and normalized water-leaving radiances from the SeaWiFS and MODIS sensors over coastal regions and open oceans. Applied optics, 49(29), 5545-5560.

Ahn, J. H. (2017). A study on the atmospheric correction and vicarious calibration for the Geostationary Ocean Color Imager. Doctoral dissertation, Ocean Science School.

Ahn, J. H., & Park, Y. J. (2020). Estimating water reflectance at near-infrared wavelengths for turbid water atmospheric correction: A preliminary study for GOCI-II. Remote Sensing, 12(22), 3791.

Ahn, J. H., Park, Y. J., & Fukushima, H. (2018). Comparison of aerosol reflectance correction schemes using two near-infrared wavelengths for ocean color data processing. Remote Sensing, 10(11), 1791.

Ahn, J. H., Park, Y. J., Kim, W., & Lee, B. (2015). Vicarious calibration of the geostationary ocean color imager. Optics express, 23(18), 23236-23258.

Ahn, J. H., Park, Y. J., Kim, W., & Lee, B. (2016). Simple aerosol correction technique based on the spectral relationships of the aerosol multiple-scattering reflectances for atmospheric correction over the oceans. Optics Express, 24(26), 29659-29669.

Ahn, J. H., Park, Y. J., Ryu, J. H., Lee, B., & Oh, I. S. (2012). Development of atmospheric correction algorithm for Geostationary Ocean Color Imager (GOCI). Ocean Science Journal, 47(3), 247-259.

Ahn, Y. H. (1990). Proprietes optiques des particules biologiques et minerales presentes dans l'ocean. Application: inversion de la reflectance (Doctoral dissertation, Paris 6).

Ahn, Y. H., & Shanmugam, P. (2007). Derivation and analysis of the fluorescence algorithms to estimate phytoplankton pigment concentrations in optically complex coastal waters. Journal of Optics A: Pure and Applied Optics, 9(4), 352.

Ahn, Y. H., Bricaud, A., & Morel, A. (1992). Light backscattering efficiency and related properties of some phytoplankters. Deep Sea Research Part A. Oceanographic Research Papers, 39(11-12), 1835-1855.

Antoine, D., & Morel, A. (1999). A multiple scattering algorithm for atmospheric correction of remotely sensed ocean colour (MERIS instrument): principle and implementation for atmospheres carrying various aerosols including absorbing ones. International Journal of Remote Sensing, 20(9), 1875-1916.

Bailey, S. W., Franz, B. A., & Werdell, P. J. (2010). Estimation of near-infrared water-leaving reflectance for satellite ocean color data processing. Optics express, 18(7), 7521-7527.

Bricaud, A., Bédhomme, A. L., & Morel, A. (1988). Optical properties of diverse phytoplanktonic species: experimental results and theoretical interpretation. Journal of Plankton Research, 10(5), 851-873.

Bricaud, A., Morel, A., & Prieur, L. (1983). Optical efficiency factors of some phytoplankters 1. Limnology and Oceanography, 28(5), 816-832.

Bricaud, A., Morel, A., Babin, M., Allali, K., & Claustre, H. (1998). Variations of light absorption by suspended particles with chlorophyll a concentration in oceanic (case 1) waters: Analysis and implications for bio-optical models. Journal of Geophysical Research: Oceans, 103(C13), 31033-31044.

Carder, K. L., Chen, F. R., Lee, Z., Hawes, S. K., & Cannizzaro, J. P. (2003). MODIS ocean science team algorithm theoretical basis document. ATBD, 19(Version 7), 7-18.

Carlson, R. E., & Simpson, J. (1996). Trophic State Equations. A Coordinator's Guide to Volunteer Lake Monitoring Methods, 96.

Chami, M., McKee, D., Leymarie, E., & Khomenko, G. (2006). Influence of the angular shape of the volume-scattering function and multiple scattering on remote sensing reflectance. Applied Optics, 45(36), 9210-9220.

Charlson, R. J., Lovelock, J. E., Andreae, M. O., & Warren, S. G. (1987). Oceanic phytoplankton, atmospheric sulphur, cloud albedo and climate. Nature, 326(6114), 655-661.

Chisholm, S. W., Frankel, S. L., Goericke, R., Olson, R. J., Palenik, B., Waterbury, J. B., ... & Zettler, E. R. (1992). Prochlorococcus marinus nov. gen. nov. sp.: an oxyphototrophic marine prokaryote containing divinyl chlorophyll a and b. Archives of Microbiology, 157(3), 297-300.

Clarke, G. L., Ewing, G. C., & Lorenzen, C. J. (1970). Spectra of backscattered light from the sea obtained from aircraft as a measure of chlorophyll concentration. Science, 167(3921), 1119-1121.

Cleveland, J. S., & Weidemann, A. D. (1993). Quantifying absorption by aquatic particles: A multiple scattering correction for glass-fiber filters. Limnology and Oceanography, 38(6), 1321-1327.

Cox, C., & Munk, W. (1954). Measurement of the roughness of the sea surface from photographs of the sun's glitter. Josa, 44(11), 838-850.

Einstein, A. (1905). On the movement of small particles suspended in a stationary liquid demanded by the molecular-kinetic theory of heat (English translation, 1956). Investigations on the theory of the Brownian movement.

Fan, Y., Li, W., Chen, N., Ahn, J. H., Park, Y. J., Kratzer, S., ... & Stamnes, K. (2021). OC-SMART: A machine learning based data analysis platform for satellite ocean color sensors. Remote Sensing of Environment, 253, 112236.

Fröhlich, C., & Shaw, G. E. (1980). New determination of Rayleigh scattering in the terrestrial atmosphere. Applied Optics, 19(11), 1773-1775.

Fukushima, H., Higurashi, A., Mitomi, Y., Nakajima, T., Noguchi, T., Tanaka, T., & Toratani, M. (1998). Correction of atmospheric effect on ADEOS/OCTS ocean color data: Algorithm description and evaluation of its performance. Journal of Oceanography, 54(5), 417-430.

Gatebe, C. K., Wilcox, E., Poudyal, R., & Wang, J. (2011). Effects of ship wakes on ocean brightness and radiative forcing over ocean. Geophysical research letters, 38(17).

Gordon, H. R. (1978). Removal of atmospheric effects from satellite imagery of the oceans. Applied Optics, 17(10), 1631-1636.

Gordon, H. R., & Brown, O. B. (1975). Diffuse reflectance of the ocean: some effects of vertical structure. Applied Optics, 14(12), 2892-2895.

Gordon, H. R., & Morel, A. Y. (1983). Remote assessment of ocean color for interpretation of satellite visible imagery: a review.

Gordon, H. R., & Wang, M. (1992). Surface-roughness considerations for atmospheric correction of ocean color sensors. 1: The Rayleigh-scattering component. Applied optics, 31(21), 4247-4260.

Gordon, H. R., & Wang, M. (1994). Retrieval of water-leaving radiance and aerosol optical thickness over the oceans with SeaWiFS: a preliminary algorithm. Applied optics, 33(3), 443-452.

Gordon, H. R., Brown, O. B., & Jacobs, M. M. (1975). Computed relationships between the inherent and apparent optical properties of a flat homogeneous ocean. Applied optics, 14(2), 417-427.

Gordon, H. R., Brown, O. B., Evans, R. H., Brown, J. W., Smith, R. C., Baker, K. S., & Clark, D. K. (1988). A semianalytic radiance model of ocean color. Journal of Geophysical Research: Atmospheres, 93(D9), 10909-10924.

Gower, J., King, S., & Goncalves, P. (2008). Global monitoring of plankton blooms using MERIS MCI. International Journal of Remote Sensing, 29(21), 6209-6216.

Gross, L., Thiria, S., & Frouin, R. (1999). Applying artificial neural network methodology to ocean color remote sensing. Ecological Modelling, 120(2-3), 237-246.

Hoge, F. E., & Lyon, P. E. (1996). Satellite retrieval of inherent optical properties by linear matrix inversion of oceanic radiance models: an analysis of model and radiance measurement errors. Journal of Geophysical Research: Oceans, 101(C7), 16631-16648.

Hu, C., Lee, Z., & Franz, B. (2012). Chlorophyll algorithms for oligotrophic oceans: A novel approach based on three-band reflectance difference. Journal of Geophysical Research: Oceans, 117(C1).

Hulst, H. C. Light scattering: by small particles. 1957.

Kerker, M. (1969) The scattering of light and other electromagnetic radiation: physical chemistry: a series of monographs (Vol. 16). Academic press.

Kiefer, D. A., & SooHoo, J. B. (1982). Spectral absorption by marine particles of coastal waters of Baja California 1. Limnology and Oceanography, 27(3), 492-499.

Kirk, J. T. O. (1981). Monte Carlo study of the nature of the underwater light field in, and the relationships between optical properties of, turbid yellow waters. Marine and Freshwater Research, 32(4), 517-532.

Kirk, J. T. O. (1984). Dependence of relationship between inherent and apparent optical properties of water on solar altitude. Limnology and Oceanography, 29(2), 350-356.

Kirk, J. T. O. (1991). Volume scattering function, average cosines, and the underwater light field. Limnology and oceanography, 36(3), 455-467.

Kirk, J. T. O. (1994). Characteristics of the light field in highly turbid waters: A Monte Carlo study. Limnology and Oceanography, 39(3), 702-706.

Kishino, M., Takahashi, M., Okami, N., & Ichimura, S. (1985). Estimation of the spectral absorption coefficients of phytoplankton in the sea. Bulletin of marine science, 37(2), 634-642.

Kou, L., Labrie, D., & Chylek, P. (1993). Refractive indices of water and ice in the 0.65-to 2.5-μm spectral range. Applied optics, 32(19), 3531-3540.

Lavender, S. J., Pinkerton, M. H., Moore, G. F., Aiken, J., & Blondeau-Patissier, D. (2005). Modification to the atmospheric correction of SeaWiFS ocean colour images over turbid waters. Continental Shelf Research, 25(4), 539-555.

Lee, Z., Carder, K. L., & Arnone, R. A. (2002). Deriving inherent optical properties from water color: a multiband quasi-analytical algorithm for optically deep waters. Applied optics, 41(27), 5755-5772.

Maffione, R. A., & Dana, D. R. (1997). Instruments and methods for measuring the backward-scattering coefficient of ocean waters. Applied Optics, 36(24), 6057-6067.

Mannino, A., Novak, M. G., Hooker, S. B., Hyde, K., & Aurin, D. (2014). Algorithm development and validation of CDOM properties for estuarine and continental shelf waters along the northeastern US coast. Remote Sensing of Environment, 152, 576-602.

Maritorena, S., Siegel, D. A., & Peterson, A. R. (2002). Optimization of a semianalytical ocean color model for global-scale applications. Applied optics, 41(15), 2705-2714.

Mie, G. (1908). Beiträge zur Optik trüber Medien, speziell kolloidaler Metallösungen. Annalen der physik, 330(3), 377-445.

Mobley, C. D. (1994). Light and water: radiative transfer in natural waters. Academic press.

Mobley, C. D., & Sundman, L. K. (2008). HYDROLIGHT 5 ECOLIGHT 5. Sequoia Scientific Inc, 16.

Mograne, M. A., Jamet, C., Loisel, H., Vantrepotte, V., Mériaux, X., & Cauvin, A. (2019). Evaluation of five atmospheric correction algorithms over French optically-complex waters for the Sentinel-3A OLCI Ocean Color Sensor. Remote Sensing, 11(6), 668.

Moon, J. E., Ahn, Y. H., Ryu, J. H., & Shanmugam, P. (2010). Development of ocean environmental algorithms for Geostationary Ocean Color Imager (GOCI). Korean Journal of Remote Sensing, 26(2), 189-207.

Morel, A. (1988). Optical modeling of the upper ocean in relation to its biogenous matter content (case I waters). Journal of geophysical research: oceans, 93(C9), 10749-10768.

Morel, A., & Ahn, Y. H. (1990). Optical efficiency factors of free-living marine bacteria: Influence of bacterioplankton upon the optical properties and particulate organic carbon in oceanic waters. Journal of Marine Research, 48(1), 145-175.

Morel, A., & Bricaud, A. (1981). Theoretical results concerning light absorption in a discrete medium, and application to specific absorption of phytoplankton. Deep Sea Research Part A. Oceanographic Research Papers, 28(11), 1375-1393.

Morel, A., & Bricaud, A. (1986). Inherent properties of algal cells including picoplankton : theoretical and experimental results In : Photosynthetic picoplankton, Canadian Bull. Fish. Aq. Science 214, Platt and W.K.W.Li(eds) 521-559.

Morel, A., & Gentili, B. (1991). Diffuse reflectance of oceanic waters: its dependence on Sun angle as influenced by the molecular scattering contribution. Applied optics, 30(30), 4427-4438.

Morel, A., & Gentili, B. (1993). Diffuse reflectance of oceanic waters. II. Bidirectional aspects. Applied Optics, 32(33), 6864-6879.

Morel, A., & Gentili, B. (1996). Diffuse reflectance of oceanic waters. III. Implication of bidirectionality for the remote-sensing problem. Applied Optics, 35(24), 4850-4862.

Morel, A., & Prieur, L. (1977). Analysis of variations in ocean color 1. Limnology and oceanography, 22(4), 709-722.

Morel, A., & Smith, R. C. (1974). Relation between total quanta and total energy for aquatic photosynthesis 1. Limnology and Oceanography, 19(4), 591-600.

Morel, A., Ahn, Y. H., Partensky, F., Vaulot, D., & Claustre, H. (1993). Prochlorococcus and Synechococcus: a comparative study of their optical properties in relation to their size and pigmentation. Journal of Marine Research, 51(3), 617-649.

Morel, A., Antoine, D., & Gentili, B. (2002). Bidirectional reflectance of oceanic waters: accounting for Raman emission and varying particle scattering phase function. Applied Optics, 41(30), 6289-6306.

Mueller, J. L., Fargion, G. S., McClain, C. R., Pegau, S., Zanefeld, J. R. V., Mitchell, B. G., ... & Stramska, M. (2003). Ocean optics protocols for satellite ocean color sensor validation, revision 4, volume IV: Inherent optical properties: Instruments, characterizations, field measurements and data analysis protocols (No. NASA/TM-2003-211621/REV7-VOL-IV).

Mueller, J. L., Pietras, C., Hooker, S. B., Austin, R. W., Miller, M., Knobelspiesse, K. D., ... & Voss, K. (2003). Ocean Optics Protocols For Satellite Ocean Color Sensor Validation, Revision 4. Volume II: Instrument Specifications, Characterization and Calibration.

O'Reilly, J. E. (1975). Fluorescence experiments with quinine. Journal of Chemical Education, 52(9), 610.

O'Reilly, J. E., Maritorena, S., Mitchell, B. G., Siegel, D. A., Carder, K. L., Garver, S. A., ... & McClain,

C. (1998). Ocean color chlorophyll algorithms for SeaWiFS. Journal of Geophysical Research: Oceans, 103(C11), 24937-24953.

Organelli, E., Bricaud, A., Antoine, D., & Matsuoka, A. (2014). Seasonal dynamics of light absorption by chromophoric dissolved organic matter (CDOM) in the NW Mediterranean Sea (BOUSSOLE site). Deep Sea Research Part I: Oceanographic Research Papers, 91, 72-85.

Park, Y. J., & Ruddick, K. (2005). Model of remote-sensing reflectance including bidirectional effects for case 1 and case 2 waters. Applied Optics, 44(7), 1236-1249.

Petzold, T. J. (1972). Volume scattering functions for selected ocean waters. Scripps Institution of Oceanography La Jolla Ca Visibility Lab.

Planck, M. (1900). Zur theorie des gesetzes der energieverteilung im normalspektrum. Berlin, 237-245.

Pope, R. M., & Fry, E. S. (1997). Absorption spectrum (380‒700 nm) of pure water. II. Integrating cavity measurements. Applied optics, 36(33), 8710-8723.

Prieur, L. (1969). Contribution à l'étude de la pénétration de la lumière du jour dans la mer: réalisation d'un quantamètre et mesures de flux de photons à diverses profondeurs (Doctoral dissertation).

Prieur, L. (1976). Transfert radiatif dans les eaux de mer: application à la determination de parametres optiques caracterisant leur teneur en substances dissoutes et leur contenu en particules (Doctoral dissertation, Universite Pierre et Marie Curie.).

Raman, C. V. (1928). A new radiation. Indian Journal of physics, 2, 387-398.

Robinson, N. (1966). "Solar Radiation," Elsevier, New York.

Schiller, H., & Doerffer, R. (1999). Neural network for emulation of an inverse model operational derivation of Case II water properties from MERIS data. International journal of remote sensing, 20(9), 1735-1746.

Schroeder, T., Behnert, I., Schaale, M., Fischer, J., & Doerffer, R. (2007). Atmospheric correction algorithm for MERIS above case-2 waters. International Journal of Remote Sensing, 28(7), 1469-1486.

Shanmugam, P., & Ahn, Y. H. (2007-1). Reference solar irradiance spectra and consequences of their disparities in remote sensing of the ocean colour. In Annales Geophysicae, 25, 1235‒1252.

Shanmugam, P., & Ahn, Y. H. (2007-2). New atmospheric correction technique to retrieve the ocean colour from SeaWiFS imagery in complex coastal waters. Journal of Optics A: Pure and Applied Optics, 9(5).

Shettle, E. P., & Fenn, R. W. (1979). Models for the aerosols of the lower atmosphere and the effects of humidity variations on their optical properties (Vol. 79, No. 214). Air Force Geophysics Laboratory, Air Force Systems Command, United States Air Force.

Shifrin, K. S. (1998). Physical optics of ocean water. Springer Science & Business Media.

Siegel, D. A., Wang, M., Maritorena, S., & Robinson, W. (2000). Atmospheric correction of satellite ocean color imagery: the black pixel assumption. Applied optics, 39(21), 3582-3591.

Siswanto, E., Tang, J., Yamaguchi, H., Ahn, Y. H., Ishizaka, J., Yoo, S., ... & Kawamura, H. (2011). Empirical ocean-color algorithms to retrieve chlorophyll-a, total suspended matter, and colored dissolved organic matter absorption coefficient in the Yellow and East China Seas. Journal of oceanography, 67(5), 627-650.

Smith, R. C., & Baker, K. S. (1981). Optical properties of the clearest natural waters (200–800 nm). Applied optics, 20(2), 177-184.

Smoluchowski, M. M. (1906). "Sur le chemin moyen parcouru par les molécules d'un gaz et sur son rapport avec la théorie de la diffusion" [On the average path taken by gas molecules and its relation with the theory of diffusion]. Bulletin International de l'Académie des Sciences de Cracovie (in French): 202.

Steinmetz, F., Deschamps, P. Y., & Ramon, D. (2011). Atmospheric correction in presence of sun glint: application to MERIS. Optics express, 19(10), 9783-9800.

Stumpf, R. P., Arnone, R. A., Gould, R. W., Martinolich, P. M., & Ransibrahmanakul, V. (2003). A partially coupled ocean-atmosphere model for retrieval of water-leaving radiance from SeaWiFS in coastal waters. NASA Tech. Memo, 206892, 51-59.

Sullivan, J. M., & Twardowski, M. S. (2009). Angular shape of the oceanic particulate volume scattering function in the backward direction. Applied Optics, 48(35), 6811-6819.

Tan, H., Doerffer, R., Oishi, T., & Tanaka, A. (2013). A new approach to measure the volume scattering function. Optics express, 21(16), 18697-18711.

Tassan, S. (1994). Local algorithms using SeaWiFS data for the retrieval of phytoplankton, pigments, suspended sediment, and yellow substance in coastal waters. Applied optics, 33(12), 2369-2378.

Thuillier, G., Hersé, M., Foujols, T., Peetermans, W., Gillotay, D., Simon, P. C., & Mandel, H. (2003). The solar spectral irradiance from 200 to 2400 nm as measured by the SOLSPEC spectrometer from the ATLAS and EURECA missions. Solar Physics, 214(1), 1-22.

Tyler, J. E. (1960). Radiance distribution as a function of depth in an underwater environment. Bull. Scripps Ins. Oceanogr., 7, 363-412.

Vermote, E., Justice, C., Claverie, M., & Franch, B. (2016). Preliminary analysis of the performance of the Landsat 8/OLI land surface reflectance product. Remote Sensing of Environment, 185, 46-56.

Vetterling, W. T., Vetterling, W. T., Press, W. H., Press, W. H., Teukolsky, S. A., Flannery, B. P., & Flannery, B. P. (1992). Numerical recipes: example book C. Cambridge University Press.

Wang, M. (2005). A refinement for the Rayleigh radiance computation with variation of the atmospheric pressure. International Journal of Remote Sensing, 26(24), 5651-5663.

Wang, M. (2006). Aerosol polarization effects on atmospheric correction and aerosol retrievals in ocean color remote sensing. Applied optics, 45(35), 8951-8963.

Wang, M., & Bailey, S. W. (2001). Correction of sun glint contamination on the SeaWiFS ocean and atmosphere products. Applied Optics, 40(27), 4790-4798.

Wang, M., Shi, W., & Jiang, L. (2012). Atmospheric correction using near-infrared bands for satellite ocean color data processing in the turbid western Pacific region. Optics Express, 20(2), 741-753.

Wang, P., Boss, E. S., & Roesler, C. (2005). Uncertainties of inherent optical properties obtained from semianalytical inversions of ocean color. Applied Optics, 44(19), 4074-4085.

Werdell, P. J., McKinna, L. I., Boss, E., Ackleson, S. G., Craig, S. E., Gregg, W. W., ... & Zhang, X. (2018). An overview of approaches and challenges for retrieving marine inherent optical properties from ocean color remote sensing. Progress in oceanography, 160, 186-212.

Zhang, X., & Hu, L. (2021). Light Scattering by Pure Water and Seawater: Recent Development. Journal of Remote Sensing, 2021.

안유환 외 38. (2001). 해양환경관측 및 개선을 위한 기반기술 연구(I). 한국해양연구소 기관고유 사업 보고서.

안유환 외 39. (2006). 해양연구원보고서. 통신해양기상위성 해양자료처리시스템 개발 사업 (III).

안유환 외 86. (2009). 한국해양연구원 연구보고서, 통신해양기상위성 해양자료처리시스템 개발 사업(VII).

안재현, 김광석, 이은경, 배수정, 이경상, 문정언, ... & 박영제. (2021). GOCI-II 대기보정 알고리즘의 소개 및 초기단계 검증 결과. 대한원격탐사학회지, 37(5), 1259-1268.

색인

집필진

안유환 박사

경북대학교에서 물리학을 전공하고, 프랑스 소르본느 대학에서 해양광학 및 해색원격탐사 박사학위를 취득하였다. 귀국 후 국립수산과학원에서 해양과학기술원(KIOST)으로 이직하여 세계 최초 정지궤도 해색위성인 천리안해양위성(GOCI-I)을 기획·개발하였고, KIOST에 한국해양위성센터(KOSC)를 설립하였다. GOCI-I의 자료처리시스템(GDPS)을 개발하였고, GOCI-II의 위성개발을 기획하였다.

박영제 박사

서울대학교 및 KAIST에서 물리학(광학)을 전공하였고, 일본 우주개발기관(JAXA)의 지구관측연구센터에서 해색센서인 GLI의 자료처리시스템 개발에 참여한 후 벨기에 왕립과학연구소(RBINS), 호주 연방과학기술연구소(CSIRO)에서 해색위성의 검보정 및 알고리즘 개발에 참여하였다. 2011년부터 한국해양과학기술원에서 GOCI-I의 활용연구와 GOCI-II 수신 및 자료처리시스템을 개발하였으며, 최근에는 고해상도 광학위성 자료를 연계하여 연안 바다의 부유조류, 적조, 쓰레기 등 오염물 탐지를 위한 연구를 수행하고 있다.

안재현 박사

숭실대학교에서 전산학을 전공하고, 삼성종합기술원 그래픽스 분야에서 3년간 근무 후, 서울대학교에서 해양학 및 OST 해색원격탐사 분야로 박사학위를 취득하였다. 이후 해양과학기술원으로 이직하여 GOCI-I & II의 대기보정 기술을 개발하였다. 현재는 GOCI-II의 해색 알고리즘 개발 및 검보정 연구에 주력하고 있다. 그 외 정지해색위성 관련 NASA, JAXA 등 해외 연구진들과 공동연구를 수행하고 있다.